集成电路科学与工程丛书

半导体存储器件与电路

［美］余诗孟（Shimeng Yu） 著

高　滨　唐建石　吴华强　译

U0279638

机械工业出版社

本书对半导体存储器技术进行了全面综合的介绍，覆盖了从底层的器件及单元结构到顶层的阵列设计，且重点介绍了近些年的工艺节点缩小趋势和最前沿的技术。本书第 1 部分讨论了主流的半导体存储器技术，第 2 部分讨论了多种新型的存储器技术，这些技术都有潜力能够改变现有的存储层级，同时也介绍了存储器技术在机器学习或深度学习中的新型应用。

本书可作为高等院校微电子学与固体电子学、电子科学与技术、集成电路科学与工程等专业的高年级本科生和研究生的教材和参考书，也可供半导体和微电子领域的从业人员参考。

图书在版编目（CIP）数据

半导体存储器件与电路 /（美）余诗孟著；高滨，唐建石，吴华强译. -- 北京：机械工业出版社，2024.8（2025.5 重印）. --（集成电路科学与工程丛书）.

ISBN 978-7-111-76264-5

Ⅰ. TN303

中国国家版本馆 CIP 数据核字第 2024GF8518 号

机械工业出版社（北京市百万庄大街 22 号　邮政编码 100037）

策划编辑：刘星宁　　　　　　　　　责任编辑：刘星宁　间洪庆
责任校对：王小童　杨　霞　景　飞　封面设计：马精明
责任印制：张　博
固安县铭成印刷有限公司印刷
2025 年 5 月第 1 版第 2 次印刷
184mm×240mm · 13 印张 · 254 千字
标准书号：ISBN 978-7-111-76264-5
定价：99.00 元

电话服务　　　　　　　　　　网络服务
客服电话：010-88361066　　　机 工 官 网：www.cmpbook.com
　　　　　010-88379833　　　机 工 官 博：weibo.com/cmp1952
　　　　　010-68326294　　　金 书 网：www.golden-book.com
封底无防伪标均为盗版　　　机工教育服务网：www.cmpedu.com

译　者　序

半导体存储器是集成电路的重要组成部分，其中 SRAM 一般包含在逻辑工艺和逻辑处理芯片设计中，而 DRAM 和 NAND Flash 通常需要独立的工艺技术，此外多种新型存储器工艺技术也在快速发展当中。在过去几十年里，半导体存储器制造逐渐在向亚洲转移，国内的相关从业人员越来越多。然而，国内一直缺乏一本系统梳理各种半导体存储器技术的教材，在高校里也缺乏能够深入讲解当前主流存储器技术的课程，导致从业者难以快速获得存储器相关的基础知识。

余教授的这本书是基于他近 10 年的课程教学经历和科研经历，再经过系统梳理后形成的一本专业教材，非常适合作为高校相关课程的教材或参考书。本书系统梳理了各种主流半导体存储器的器件、工艺、电路等核心技术相关的知识点，也介绍了多种新型存储器及存储器的最新发展趋势。本书的内容深入浅出，不但把基础知识讲解得非常生动具体，而且还介绍了截至 2020 年前后的产业界及学术界在存储器领域的最新发展现状。因此本书在国际上也是一本非常好的存储器课程教材。

本人从 2007 年开始从事存储器研究，并一直与余教授保持合作。另外两位译者也都有在美国存储器企业工作的经历，并在清华大学建立了新型存储器研究团队。本人于 2023 年在清华大学开设了"先进存储器技术"课程，即以余教授的这本书为教材，结合我们团队的一些最新研究心得，形成了课程的核心知识体系。将本书翻译成中文，不但有助于选课学生更顺畅的阅读，也希望能够帮助国内其他高校开设同类课程。此外，也希望国内产业界的存储器从业人员能够从本书中得到收获。

本书的翻译前前后后用了近一年的时间，译者非常感谢课题组内的多位研究生（康卓栋、朱旭瑞、喻睿华、张均阳、孙昊、马阿旺）在中文编辑和校对方面所做的工作。在翻译过程中，本人也多次与余教授沟通，在一些细节上也得到了他的意见。

高滨

2024 年 8 月

前　言

由人工智能（AI）带来的各类新型应用在我们的日常生活中逐渐变得不可或缺，而 AI 软件模型一般均需要高效的硬件技术来存储和处理大量数据，本书的重点即是与之密切相关的半导体存储器技术。本书的主要内容包括半导体存储器件及其外围电路的基础原理、近年来存储单元伴随着工艺节点逐步缩小的发展趋势（直到 10nm 以下），以及通过三维（3D）堆叠来进行垂直集成的相关技术。

如今，计算机体系结构的功能和性能越来越依赖于存储层级中各个组件的特性。何为存储层级？简单来说，就是片上缓存和片外的独立式存储器，如主存储器（内存）、非易失性内存和固态硬盘等。本书将介绍存储层级中各个级别的半导体存储器技术，全面覆盖了从器件单元结构到阵列级设计的内容，还重点介绍了近期工业界的发展趋势和最前沿的技术。由于此领域发展迅速，本书中的许多讨论都是基于 2020 年的最新技术，同时也会对下一个十年进行合理的预测。

第 1 章是对整个半导体存储器技术的概述，包括存储层级结构的概念、通用存储阵列的图解和常见外围电路模块，以及用于评估存储密度和阵列面积效率的相关指标。

第 2~4 章将分别介绍三种主流的半导体存储器技术，即静态随机存取存储器（SRAM）、动态随机存取存储器（DRAM）和 Flash 存储器（闪存）。每一章都会讨论相应的基本操作原理、器件物理、制造工艺、单元设计、阵列结构和工艺节点微缩带来的挑战等主题。此外，这三章还会分别介绍最新的行业动态，如基于 FinFET 的 SRAM、高带宽存储器（HBM）和 3D 垂直 NAND Flash 等。

第 5 章将介绍几种新型非易失性存储器（eNVM），它们都有可能改变现有的存储层级结构，或者作为片上嵌入式存储器，从而带来超越传统数据存储的新型应用。几种受关注的候选者包括相变存储器（PCM）及用于相关 3D X-point 技术的选通器；阻变随机存取存储器（RRAM）；磁性随机存取存储器（MRAM），包括自旋转移力矩（STT）和自旋轨道力矩（SOT）两种切换机制的 MRAM；铁电存储器，如铁电随机存取存储器（FeRAM）和铁电场效应晶体管（FeFET）。此外，这些新型非易失性存储器的多比特存储、离散性问题，以及可靠性问题等也都会涉及。第 5 章还将介绍存算一体的概念，即将混合信号计算融入存储阵列中，以加速深度神经网络中的向量 - 矩阵乘法运算，这是机器学习硬件加速器中一个十分有吸引力的计算范式。

　　本书所涉及的资料是基于作者在过去 10 年中所教授的一门研究生课程，作者在美国亚利桑那州立大学和佐治亚理工学院总共教授了 8 次，超过 500 名学生选修了这门课程，其中许多学生现在已在半导体行业工作。作者还在 YouTube 上公开了最近这门课程的相关录像，点击量超过了 2 万次。本书可以作为电子和计算机专业的研究生课程的教科书，也可以作为相关领域工程师和研究人员的入门级参考。相信对该领域的新人，或者已熟识存储器的从业人员，本书都会有所裨益。

致　　谢

作者十分感谢他的学生 Anni Lu、Hongwu Jiang、Dong Suk Kang、Yuan-chun Luo、Yan-dong Luo，以及他的博士后研究员 Wonbo Shim 博士，感谢他们在图片编辑和文本校对方面给予的帮助。

作者简介

余诗孟（Shimeng Yu）目前是佐治亚理工学院电子与计算机工程系的教授。他于 2009 年获得北京大学微电子学学士学位，于 2011 年和 2013 年分别获得斯坦福大学的电子工程硕士和博士学位。2013 ~ 2018 年，他在亚利桑那州立大学担任助理教授。

余教授的研究兴趣包括用于高能效计算系统的半导体器件和集成电路。他的研究专长主要是新型非易失性存储技术及相关应用，包括在深度学习加速器、存算一体、3D 集成和硬件安全等多方面的应用。他已发表了 400 多篇经同行评审的会议和期刊论文，并拥有超过 30000 次的 Google Scholar 引用，H 因子为 82。

余教授获得的荣誉包括：2016 年获得美国国家科学基金会（NSF）的教师早期职业奖（Faculty Early Career Award），2017 年获得 IEEE 电子器件学会（EDS）的早期职业奖（Early Career Award），2018 年获得 ACM 设计自动化特别兴趣小组（SIGDA）的杰出新教师奖（Outstanding New Faculty Award），2019 年获得美国半导体研究协会（SRC）的青年教师奖（Young Faculty Award），2020 年获得 ACM/IEEE 设计自动化会议（DAC）的 40 岁以下创新者奖（Under-40 Innovators Award），2021 ~ 2022 年成为 IEEE 电路与系统学会（CASS）的杰出讲师（Distinguished Lecturer），2022 ~ 2023 年成为 IEEE 电子器件学会（EDS）的杰出讲师，2023 年获得英特尔杰出研究人员奖。

余教授曾担任多个重要会议的技术委员会成员，包括 IEEE 国际电子器件会议（IEDM），IEEE 超大规模集成电路技术与电路研讨会（VLSI Technology and Circuits），IEEE 国际可靠性物理研讨会（IRPS），ACM/IEEE 设计自动化会议（DAC），ACM/IEEE 欧洲设计、自动化与测试年会（DATE），ACM/IEEE 国际计算机辅助设计会议（ICCAD）等。此外，余教授还是 IEEE 电子器件快报（EDL）的编辑，同时也是 IEEE 会士（Fellow）。

目　　录

第 1 章

半导体存储器技术概述

1.1 存储器层次结构介绍

1.1.1 泽级数据爆炸

如今，数据量正在爆炸式增长，最近的一项分析预测：到 2025 年，全球联网设备数量将达到近 750 亿台[1]。此外，这些设备产生的数据量将达到 175ZB，而其中大部分数据来自视频和安全摄像监控。因此，分析这些数据并找到短期和长期存储数据的方法非常重要，对这些海量数据进行存档也至关重要。数据一般在边缘端被收集并被部分处理，然后大部分被传输并存储在云端。对数据分析和数据存储不断增长的需求推动了存储技术向更高密度和更大带宽的持续发展。内存（memory）和外存（storage）之间的一个粗略区别因素是数据的生命周期。内存存储短期数据，读/写访问更快、更频繁，而外存保存长期数据，读/写访问较慢、次数较少。

1.1.2 存储子系统中的存储器层次结构

现代计算机系统通常采用冯·诺依曼架构，即数据被存储在存储单元中，并在处理器核（如算术逻辑单元）中进行处理。理想情况下存储器应具有足够大的容量和足够快的访问速度，然而目前还没有一种"万能"存储器能同时满足这两种需求，因此需要用不同的存储器来构建存储子系统，并建立存储器层次结构。存储器层次结构如图 1.1 中的金字塔所示，从

○ 本书中使用的标度前缀：a, atto → 10^{-18}；f, femto → 10^{-15}；p, pico-10^{-12}；n, nano → 10^{-9}；μ, micro → 10^{-6}；m, milli → 10^{-3}；k, kilo → 10^{3}；M, mega → 10^{6}；G, giga → 10^{9}；T, tera → 10^{12}；P, peta → 10^{15}；E, eva → 10^{18}；Z, zetta → 10^{21}。

○ 有些时候，"memory"（根据上下文语意，文中翻译为"内存"或"存储"）和"storage"（文中翻译为"外存"或"存储"）两个词语可以互换使用。

下到上存储器的工作速度越来越快，从上到下存储器的容量越来越大。

　　金字塔的顶端是将逻辑单元和缓存集成在一起的处理器核（如框图所示）。缓存存储最常用的数据，通常由多级缓存（L1、L2、L3 和 / 或末级缓存）组成。静态随机存取存储器（SRAM）是实现 L1 ~ L3 缓存的主要片上存储器技术。在缓存中，访问时间和存储容量之间也存在折中。例如，L1 缓存的访问时间为亚 ns 量级，容量为 100kB[⊖]；L2 缓存的访问时间为 1 ~ 3ns，容量为 1MB；L3 缓存的访问时间为 5 ~ 10ns，容量为数十 MB。在某些高性能计算系统中，例如 IBM 的 power 系列微处理器，末级缓存是用嵌入式动态随机存取存储器（eDRAM）实现的 [2]。

　　在处理器芯片外，存储器层次结构中的内存通常用独立式 DRAM 实现[⊖]，其访问时间为数十 ns，容量为数十 GB。软件程序使用的大部分数据都存储在内存中。基于 SRAM 的缓存和基于 DRAM 的内存被归类为易失性存储器，即当电源断开后数据会丢失，有时它们也被称为工作存储器。如果需要在断电后长时间保存数据，则需要非易失性存储器（NVM）作为外存。易失性存储器和非易失性存储器之间的分界线如图 1.1 所示。最常用的非易失性存储器是基于 NAND 闪存的固态硬盘（SSD）和机械硬盘（HDD）。固态硬盘的访问时间为数十 μs，容量为数百 GB 至 TB 量级；而机械硬盘的访问时间为 ms 量级，容量为数十 TB。随着内存带宽与固态硬盘带宽之间的差距越来越大，在存储器层次结构中出现了一个新的层级，即存储级内存，其访问时间为数百 ns，容量可达数百 GB。存储级内存位于工作存储器和外存之间，通常属于非易失性存储器，因此有时也被称为持久内存。研究人员正在积极探索新型存储器，以填补存储级内存的空缺。英特尔和美光推出的 3D X-point 存储器就是一个典型的例子 [3]。图 1.2 所示为存储器层次结构中不同存储器在访问时间、集成密度（Mbit/mm²）和擦写次数之间的折中，图中还展示了 3D 垂直 NAND 闪存和 3D 堆叠 DRAM 的最新产业趋势。可以看到需要采用存储级内存来填补 NAND 闪存和 DRAM 之间的空白，这就为阻变随机存取存储器（RRAM）和相变存储器（PCM）等新型存储器提供了机会。为了弥补 DRAM 和 SRAM 之间的差距，磁性随机存取存储器（MRAM）等新型存储器被视为可用作末级缓存。最近研究的铁电场效应晶体管（FeFET）也能在图中找到用武之地，3D 堆叠的高密度 FeFET 可用作存储级内存，而优化了擦写次数的 FeFET 可用作末级缓存。在图中，擦写次数定义了存储器擦写失效前的最大可擦写次数。作为工作存储器的 SRAM 和 DRAM 在 10 年内的擦写次数一般大于 10^{13} 次，NAND 闪存的擦写次数较少，一般为 10^{3} ~ 10^{5} 次，而存储级内

　　⊖　B，字节；bit，位（比特）；1B = 8bit。
　　⊖　在本书中，如无特别说明，DRAM 指独立式 DRAM，eDRAM 指嵌入式 DRAM。

存的擦写次数预期为 $10^9 \sim 10^{12}$ 次。

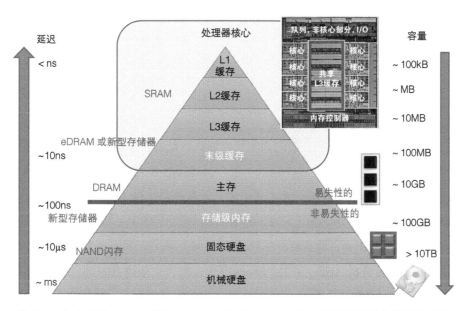

图 1.1　包含主流 SRAM 缓存、DRAM 内存、NAND 闪存固态硬盘的存储器层次结构，其中 eDRAM 和新型存储器在末级缓存和存储级内存上存在应用空间

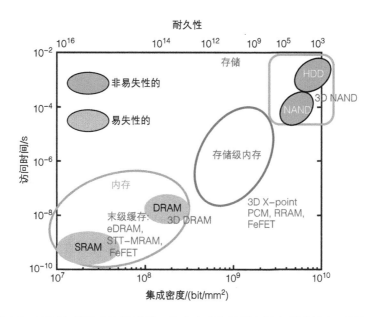

图 1.2　不同存储器在访问时间、集成密度和擦写次数之间的折中。图中展示出新型存储器在存储级内存和末级缓存中的发展机遇

除了图 1.1 中列出的技术外，还有其他存储媒介，如因其极低成本而仍被用于大规模"冷"数据存储的磁带，以及用于信息分发的光盘（如 CD、DVD 和蓝光）等。本书的重点将放在 SRAM、DRAM、NAND 闪存和新型存储器等半导体存储器技术上，不涉及用非硅工艺制造的磁带、光盘和硬盘等。

1.2　半导体存储器产业

根据在存储器层次结构中所介绍的内容，半导体存储器可分为两类：嵌入式存储器（和处理器核在同一芯片上）和独立式存储器（位于处理器芯片之外）。如图 1.3 所示，2020 年的半导体产业市场总额为 4660 亿美元，其中独立式存储器贡献了 1260 亿美元[4]，而独立式存储器 98% 的市场又来自 DRAM（53%）和 NAND 闪存（45%）。经过几十年的整合，目前独立式存储器已由几家主要厂商垄断。主要的 DRAM 厂商是三星、美光和 SK 海力士，而主要的 NAND 闪存供应商是三星、美光、SK 海力士、铠侠（2018 年从东芝分离出来）、西部数据（2016 年收购闪迪）和英特尔（计划在 2025 年前将存储器业务出售给 SK 海力士）。

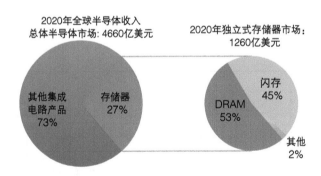

图 1.3　半导体产业市场（2020 年）和独立式存储器（DRAM 和 NAND 闪存）的占比

嵌入式存储器是微处理器 [如中央处理器（CPU）或图形处理器（GPU）] 的组成部分，所以对其市场的计算较为困难⊖。2020 年嵌入式存储器的市场估计在 350 亿美元左右，其中大部分来自微处理器或微控制器中的 SRAM⊖，少部分来自微控制器中的嵌入式 NVM。代工厂

⊖　大约有一半的处理器收入分配给了嵌入式存储器。

⊖　微处理器与微控制器之间的一个显著区别是，微控制器更具应用针对性，且微控制器通常包括用于代码存储的嵌入式 NVM。

是嵌入式存储器的主要供应商，主要厂商有台积电、三星、格罗方德等。随着逻辑晶体管工艺节点的进步，SRAM 可以很好地微缩，但传统的嵌入式闪存（eFlash）却很难微缩到 28nm 节点以下，因此代工厂正在积极探索可微缩到更先进节点的新型 NVM（eNVM）。

1.3　存储阵列结构介绍

1.3.1　通用存储阵列结构图

　　无论采用哪种技术，半导体存储器通常都被组织成存储器子阵列。图 1.4 所示为采用 2D 矩阵结构的通用存储子阵列$^{\ominus}$，其中 2D 矩阵的行通常被称为字线（WL），列通常被称为位线（BL），BL 和 WL 的交叉点就是存储单元，由 WL 和 BL 定义的存储单元组成阵列。任何存储阵列要发挥作用，都离不开适当的外围电路。常见的外围电路模块包括行译码器（利用 M 位行地址选择 2^M 行中的其中一行）、列译码器（通过多路复用器和 N 位列地址选择 2^N 列组中的其中一个列组）、读灵敏放大器和写驱动器。一个列组包含 k 个列，它们不会被进一步译码，而是会被同时输出到灵敏放大器或从写驱动器同时输入。因此子阵列总共有 2^M 行和 $k \times 2^N$ 列，即 $2^M \times k \times 2^N$ 个存储单元，输入 / 输出（I/O）数据宽度为 $k$bit。在读取存储器时，通常会先产生一个模拟小信号，然后由灵敏放大器感应并放大为表示数字 0 和 1 的大信号后输出。当数据从外部总线传入并写入存储阵列时，需要写驱动器对 WL/BL 充电。

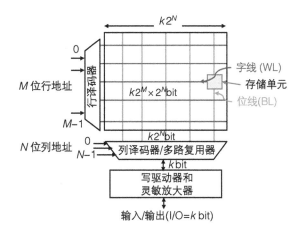

图 1.4　采用 2D 矩阵结构的通用存储子阵列，包含存储单元阵列和外围电路模块

　　$\ominus$　这种 2D 矩阵的 3D 堆叠版本可用于更高密度的设计。

存储器层次结构中不同层级的子阵列规模存在折中。需要快速访问的子阵列通常规模较小，例如对于 L1 ~ L3 缓存，SRAM 子阵列规模可以是 32×32、64×64、128×128 或 256×256 等。DRAM 子阵列大小适中，如 512×512、1024×1024 等。对于需要大容量存储的 NAND 闪存，其子阵列大小则可达到 $16k \times 64$ 至 $128k \times 64$。

1.3.2 存储单元尺寸和等效比特面积

根据半导体存储器技术的具体类型，通用存储子阵列结构图中的存储单元实际实现方式也会有所不同。SRAM 单元通常由 6 个逻辑晶体管组成，DRAM 单元通常由一个选通晶体管和一个电容组成，而闪存存储单元通常由一个单独的浮栅晶体管或电荷俘获型晶体管构成。不同存储器技术的集成密度差别很大，集成密度越高，每比特成本越低。在芯片成本一定的情况下，提升存储容量对降低每比特成本至关重要。F^2 是评估存储单元尺寸的一个常用指标。这里 F 是特定工艺节点的特征尺寸，因此 F^2 可视为特定工艺节点的最小单位面积。

图 1.5 为各种半导体存储器技术的归一化等效比特面积。在 22nm 节点及以上，SRAM 单元面积通常为 $150 \sim 300F^2$。根据缓存的层级，SRAM 晶体管的宽度会有不同。L3 缓存通常采用晶体管宽度最小的高密度 SRAM 单元，因此单元面积约为下限的 $150F^2$；与之相对的，需要更快访问速度的 L1 缓存则采用宽度更大的晶体管以提供更大的驱动电流，因此其 SRAM 单元面积会达到上限的 $300F^2$。在大多数工艺节点中，DRAM 采用非常紧凑的布局设计规则，将单元尺寸缩小到 $6F^2$，显然 DRAM 的集成密度比 SRAM 更高，容量也更大。需要注意 SRAM 和 DRAM 都是单比特存储，即每个存储单元只能存储 1bit 数据（数字 0 或 1），因此它们的存储单元面积与等效比特面积相同。

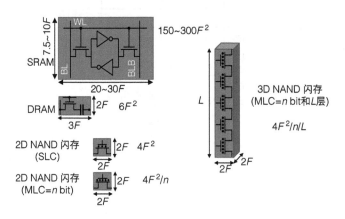

图 1.5 以 F^2 表示的各种半导体存储器技术的归一化等效比特面积

闪存则更为复杂，因为它可能采用多比特单元（MLC）结构，这意味着一个存储单元可以存储 $n$bit（$n \geq 2$），n 一般是 2、3、4 甚至更大$^{\ominus}$。对于一个二维（2D）NAND 闪存，其典型的存储单元尺寸为 $4F^2$，如果是单比特单元（SLC），那么其等效比特面积也是 $4F^2$，而对于 MLC 的情况，其等效比特面积则减小到 $4F^2/n$。目前先进的三维（3D）NAND 闪存在同一个 2D 占用面积下，通过垂直堆叠了许多层存储单元来进一步提高存储密度。如果 3D 堆叠层数为 L（截至 2020 年 L 已经达到 144 甚至 176），则 $n$bit 单元的等效比特面积将进一步缩小为 $4F^2/n/L$。因此，采用 MLC 的 3D NAND 闪存的集成密度远高于其他任何一种半导体存储器技术，从而实现了极低的比特成本。

1.3.3　存储阵列的面积效率

评估芯片级集成密度的另一个重要指标是阵列的面积效率，即存储单元的阵列面积在整个存储器芯片面积中所占的百分比。整个存储器芯片面积包括存储单元阵列面积和外围电路面积。面积效率越高，比特成本就越低，这是因为实现译码、灵敏放大和擦写的外围电路并不直接参与信息存储。晶圆占用面积的价值更倾向于花费在存储单元阵列。因此，我们希望尽可能减小外围电路占用的面积，以提高芯片级的集成密度。一般来说，NAND 闪存的面积效率最高，可达 70% ~ 80%；DRAM 的面积效率中等，为 60% ~ 70%；SRAM 的面积效率最低，约为 50% 或更低。图 1.6 为 NAND 闪存和 SRAM L3 缓存（嵌入在微处理器芯片中）的芯片内部照片。需要指出在计算某一层级 SRAM 缓存的面积效率时，其他逻辑电路模块的面积不计入总的存储器芯片面积，也就是说，这时计算存储器芯片面积只需要考虑某一层级缓存电路部分的总面积（比如在计算图 1.6 中的 L3 缓存面积效率时，只需将红框所示部分的面积作为存储器芯片的总面积）。

1.3.4　外围电路：译码器、多路复用器和驱动器

译码器对比特地址进行译码，包括行译码器和列译码器。如果比特地址较长（如 $M > 5$bit），则从 Mbit 直接译码到 2^M 行的译码器面积效率不高，这时就需要使用两级译码器。图 1.7a 所示为这样一个 8-256 两级译码器示例，一个 8bit 地址首先被译码为 $2^4 = 16$ 个中间地址，每个中间地址再被译码为另外 $2^4 = 16$ 行。这种译码器设计同时适用于行译码和列译码。列选择需要通过一个由列译码器控制的多路复用器（MUX）完成，MUX 通常采用传输门结构。图 1.7b

---

$\ominus$　如果 $n = 2$，表示存储数字信息 00、01、10 和 11，通常称为多比特单元（MLC）。如果 $n = 3$，也称为三比特单元（TLC）。如果 $n = 4$，也称为四比特单元（QLC）。

所示为一个 16 选 1 MUX 示例，该 MUX 由一个 4-16 译码器（如上述两级译码器的第二级）控制，其中传输门晶体管的宽度可能需要增大，以便为存储单元提供足够大的写电流。

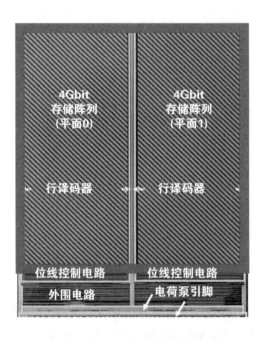

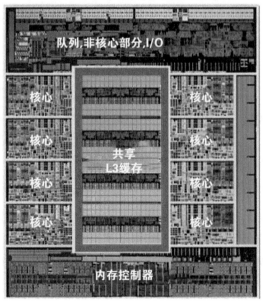

图 1.6   NAND 闪存和 SRAM L3 缓存（嵌入在微处理器芯片中）的芯片内部照片示例

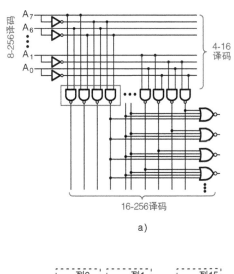

a)

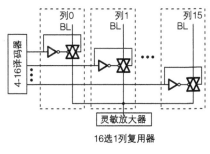

b)

图 1.7　a）8-256 两级译码器示例；b）由 4-16 译码器控制的 16 选 1 MUX 示例

在行译码器之后，通常需要一个 WL 驱动器来驱动具有寄生电容的长导线。图 1.8 所示为几种采用不同优化策略的 WL 驱动器，这里假定集总 WL 电容为 4096 单位电容[⊖]，则可将驱动器分为若干阶段，以折中延迟和面积。如图 1.8a 所示，如果优化目标是最小化延迟，那么可以通过逻辑计算得到反相器链中的级数和反相器尺寸，并最后可以得出采用 6 级反相器链和逐级尺寸增大的反相器时延迟最小，这时的延迟为 30 单位，但驱动器面积却高达 1365 单位。如图 1.8b 所示，如果优化目标是最小化面积，则采用 2 级反相器链，此时延迟增加到 130 单位，但面积可减小为 65 单位。如图 1.8c 所示，一个更平衡的设计可以根据最后一级反相器的驱动电流要求确定其大小，然后通过逻辑计算得到其他反相器的尺寸，此时延迟为 80 单位，而面积为 85 单位。对于不同的存储器类型，优化目标也不同。对于 SRAM 缓存，最

<hr />

⊖　驱动器设计中的单位电容、单位延迟和单位面积分别归一化为某个技术节点上最小尺寸反相器的负载电容、延迟和面积。

小化延迟更为重要；而对于 NAND 闪存，最小化外围电路面积则是关键。

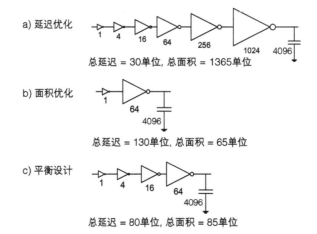

图 1.8   采用不同优化策略的 WL 驱动器：a）延迟优化；b）面积优化；c）延迟和面积折中优化

1.3.5   外围电路：灵敏放大器

灵敏放大器（SA）是最重要的外围电路模块之一，在读取操作中将模拟小信号转换为数字输出（0 或 1）。图 1.9 所示为 BL 的电阻 - 电容（RC）模型，该模型对分布式网络中的导线电阻和寄生电容进行建模。存储单元被建模为带有并联输出电阻（R_m）的电流源（I_m），而 SA 的输入级则被建模为负载电阻（R_L）。根据传输线理论，传播延迟 Δt 可以计算出来：

$$\Delta t = \frac{R_T C_T}{2}\left(\frac{R_m + R_T/3 + R_L}{R_m + R_T + R_L}\right) + R_m C_T\left(\frac{R_L}{R_m + R_T + R_L}\right) \tag{1.1}$$

式中，R_T 为导线总电阻；C_T 为导线总寄生电容。

SA 通常分为电压感应和电流感应两种。

电压感应 SA 的输入电阻被视为无穷大，即具有开路负载，因此式（1.1）可近似表示为

$$\Delta t = \frac{R_T C_T}{2}\left(1 + \frac{2R_m}{R_T}\right) \tag{1.2}$$

电流感应 SA 的输入电阻被视为零，即具有短路负载，因此式（1.1）可近似表示为

$$\Delta t = \frac{R_T C_T}{2}\left(\frac{R_m + R_T/3}{R_m + R_T}\right) \tag{1.3}$$

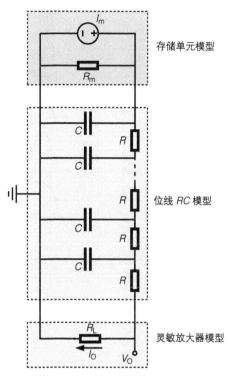

图 1.9　分布式网络的位线 RC 模型

　　根据存储单元电阻、导线电阻和寄生电容的精确值，电压感应 SA 和电流感应 SA 的延迟可以使用上述公式进行粗略的比较。

　　电压感应 SA 和电流感应 SA 的晶体管级实现可以采用多种电路拓扑结构。图 1.10 给出了用于电阻型存储器的电压感应 SA 和电流感应 SA 示例，电阻型存储器⊖用高阻状态（HRS）和低阻状态（LRS）分别存储数字 0 和 1[5]。对于图 1.10a 中的电压感应 SA，首先 BL 被预充电至读取电压 V_{READ}，两个输出节点（DOUT 和 DOUTB）在高电平 SAEN 信号下接地（因为锁存器 N1 ~ N4 与电源断开）。然后列 MUX 被 SEL 打开，BL 电压通过存储单元的下拉路径而衰减。此时如果存储单元处于 HRS，则下拉电流较小，BL 衰减较慢；而如果存储单元处于 LRS，则下拉电流较大，BL 衰减较快。一段时间后，HRS 和 LRS 之间会出现一个 BL 电压窗口。接着 SA 的 PMOS 差分对被低电平 SAEN 信号启用，作为差分对（P3/P4）栅极输入的 BL 电压和基准电压进行比较，锁存器 N1/N2 和 P1/P2 将翻转。如果 BL 电压高于参考电压，DOUT 将接地，反之 DOUT 将等于 V_{DD}。

　　⊖　电阻型存储器包括 RRAM、PCM 和 MRAM，详见第 5 章。

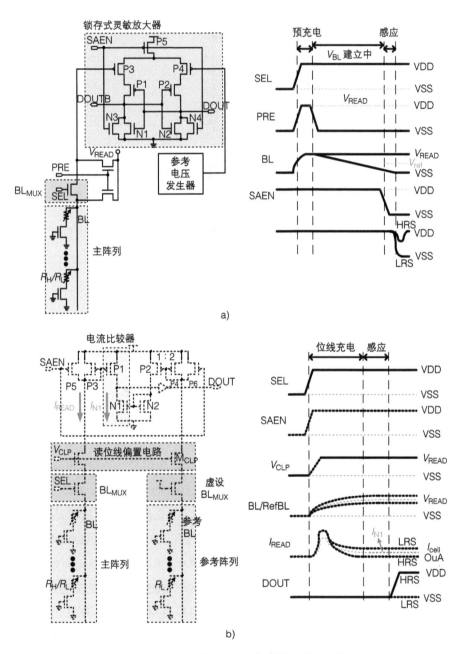

图 1.10　a）电压感应 SA 和 b）电流感应 SA 的示例

对于图 1.10b 中的电流感应 SA，在 SEL 拉高前 SAEN 为低电平。当 SEL 拉高后，选通

晶体管（M_{CLP}）的栅极电压变为读取电压 V_{READ}，并在电流感应期间保持不变。当 P5 开始对
BL 充电时，电流会出现一个峰值，但随着时间的推移，BL 电压会被单元的下拉路径释放掉。
如果存储单元处于 HRS，则下拉电流很小；如果存储单元处于 LRS，则下拉电流较大。然后
BL 电流将通过 P1/P3 的电流镜传输到 N1。在感应 HRS/LRS 时，N1 中较小 / 较大的电流与
N2 中流过的参考电流进行比较，并导致电压高于 / 低于输出反相器驱动器的中间电压，从而
使 DOUT 接地 / 等于 V_{DD}。对于小电流（存储单元电阻较大）或长 BL（寄生电容较大），电
流感应 SA 的延迟更低。

1.4　工业界的技术发展趋势

1.4.1　摩尔定律与逻辑电路微缩趋势

英特尔的联合创始人戈登·摩尔博士在 20 世纪 60 年代末预测，处理器芯片（或裸片）
上的晶体管数量将呈指数级增长（即大约每两年翻一番），这一预测就是著名的摩尔定律 [6]。
在过去的 50 年里，摩尔定律已成为半导体行业技术发展的推动力。根据摩尔定律，每一代
晶体管的等效面积相比于上一代应该大约缩小一半，即尺寸缩小至约 0.7 倍（0.5 的二次方
根）。需要指出的是，摩尔定律并不是一条规定晶体管尺寸必须缩小至 0.7 倍的物理定律，而
是一条旨在降低单位晶体管成本的经济定律。此外晶体管尺寸的缩小还带来了更高的性能和
更多的片上功能。图 1.11 所示为各种微处理器（包括英特尔的个人计算机 / 服务器 CPU、苹
果的移动端 CPU、英伟达的 GPU）以及 DRAM 和 NAND 闪存芯片上的晶体管数量。从图中
可以看出，当今微处理器芯片上通常集成了超过 10 亿个晶体管（其中很大一部分晶体管被
用于构建 SRAM），而近十年来独立式存储器（DRAM 和闪存）芯片上的晶体管数量超过了
微处理器，其中 NAND 闪存（尤其是 3D NAND 闪存）是集成密度最高的存储器，其单芯片
上的晶体管数量接近一万亿个。

摩尔定律在 21 世纪 10 年代中期开始放缓，传统的 2D 尺寸微缩也将在 21 世纪 20 年
代中期接近物理极限 [7]。另一方面，3D 存储器技术的机遇已经到来，诸如异构集成、单片
3D 集成等 3D 技术可以持续提高集成密度，从而降低单位晶体管（或每比特）的成本，并
进一步提高系统级性能和 / 或增加新功能。包括 DRAM 和 NAND 闪存在内的存储器技术
已率先采用了这些新的 3D 集成方案，相关内容我们将在 3.5 节和 4.7 节分别进行更详细的
讨论。

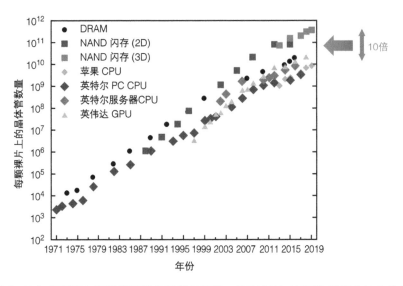

图 1.11   过去 50 年根据摩尔定律发展的各种微处理器、DRAM 和 NAND 闪存芯片上的晶体管数量

1.4.2   工艺节点的定义和集成密度的测量标准

2D 工艺的微缩通常反映为工艺节点的数值缩小。对于 DRAM 和 NAND 闪存来说，工艺节点 F 通常表示最小光刻特征尺寸。图 1.12 所示为 F 的定义，即 DRAM 的 M1（第一金属层）导线之间的半节距，或 2D NAND 闪存的多晶硅栅极之间的半节距。在 3D 垂直 NAND 结构中，F 通常是指从一个立柱中心到相邻立柱中心之间的半节距。

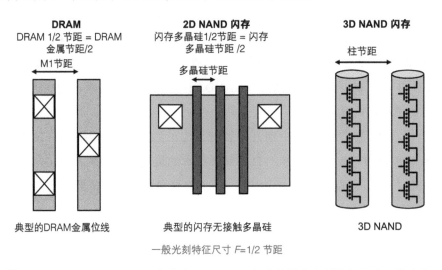

图 1.12   DRAM、2D NAND 闪存和 3D NAND 闪存的最小光刻特征尺寸 F 的定义

然而对于逻辑工艺（包括使用逻辑晶体管的 SRAM 单元）来说，F 与任何物理尺寸都不对应。图 1.13 所示为以栅极长度和工艺节点命名的硅逻辑工艺的微缩趋势。在 20 世纪 90 年代中期以前，工艺节点与逻辑晶体管的栅极长度相同，但在 350nm 节点以下，这种情况不复存在，这时的栅极长度微缩更快，其尺寸远小于工艺节点（包括 250nm、180nm、130nm、90nm 和 65nm 等几代工艺）。到了 21 世纪第一个十年后期，这一情况发生了逆转，栅极长度的微缩速度放缓（由于短沟道效应的限制）。这时业界对工艺节点的命名也出现了分歧，例如英特尔的 45nm 节点相当于台积电的 40nm 节点，而英特尔的 32nm 节点相当于台积电的 28nm 节点。之后工艺节点名称按照 0.7 倍的规则不断缩小，2012 年为 22nm，2014 年为 14nm，2016 年为 10nm，2018 年为 7nm，2020 年为 5nm，2022 年为 3nm。如今工艺节点已经不再代表晶体管结构上的任何物理尺寸，因为 22nm 节点以后的栅极长度几乎不再缩小，即使是 5nm 节点的逻辑晶体管，其栅极物理长度也约为 20nm。现在人们更愿意把工艺节点名称看作是某一技术代的符号代表[8]。在本书中，仍然假定采用逻辑工艺的 SRAM 单元的 F 与工艺节点相同，这仅仅是为了标准化的目的，因此在最先进节点中应特别谨慎对待这一描述。

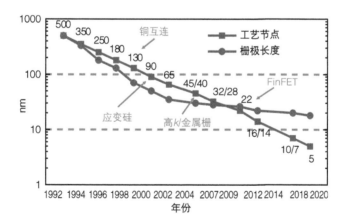

图 1.13　过去 30 年以栅极长度和工艺节点命名的硅逻辑工艺微缩趋势。图中标注了一些关键的工艺技术创新

现在的问题是，如果栅极长度不再微缩，那是哪些结构还在微缩呢？为了理解缩小的本质，人们提出使用栅极接触节距（CGP）⊖ 和 M1 节距作为评估逻辑晶体管密度的替代指标。

⊖　由于历史原因，CGP 也被称为 CPP（多晶硅接触节距），因为在采用高 k 金属栅极之前，栅极是由多晶硅制成的。CGP 也与源极接触通孔到漏极接触通孔的中心到中心距离相同。

图 1.14 内的插图给出一个 FinFET 标准逻辑单元的简化俯视版图，这里 CGP 是两个相邻栅极接触中心之间的横向距离，这两个栅极接触被源极 / 漏极接触隔开，而 M1 节距决定了纵向距离。因此，一个晶体管的等效面积是 CGP 与 M1 节距的乘积。由于栅极长度如今已不再微缩，真正微缩的是 CGP[也包括栅极和源极 / 漏极接触之间的间隙层（spacer）宽度减小等可能的微缩来源]。图 1.14 给出过去十年中 45nm 以下 CGP 和 M1 节距的微缩趋势，以及对 3nm、2nm 和 1nm 节点的预测，其中在 7nm 节点之前，图中斜率给出的每代之间的微缩数值一直在 0.75 倍附近。

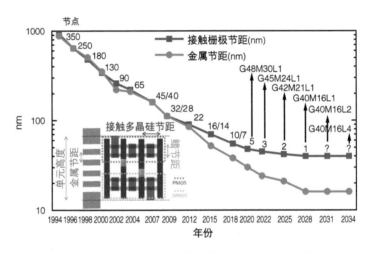

图 1.14　过去 30 年中 CGP 和 M1 节距的微缩以及对未来节点的预测。
插图为一个 FinFET 标准逻辑单元的版图

如前所述，不同公司有不同的节点命名策略。图 1.15 给出了英特尔和台积电在几个最新节点下的 CGP 和 M1 节距的比较。可以看出，英特尔的 10nm 工艺在集成密度方面接近台积电的 7nm 工艺。

在 21 世纪 10 年代末的非平面 FinFET 时代，可以通过增加鳍（fin）的高度来有效提高驱动电流，进而可以减少鳍的数量，并减少 CMOS（包含 n 型晶体管和 p 型晶体管，即 NMOS 和 PMOS）标准逻辑单元中的金属轨道，因此集成密度的测量指标需要考虑不同逻辑工艺中 M1 轨道数量的差异。近期的趋势是减少鳍和 M1 轨道的数量，但增加鳍的高度以保证足够的驱动电流密度。图 1.16 所示为最近几代和未来几代标准逻辑单元版图的微缩趋势，可以看出在先进节点下，CGP 和 M1 节距的微缩速度放缓，但是单元高度的增大速度会更快。

例如在 5nm 节点中，NMOS 和 PMOS 都只有 2 个鳍，而包括顶部和底部电源线在内的 M1 布线只有 6 条。对于未来 3nm 及更先进的节点，还可以通过增加堆叠纳米片的数量来进一步减少 M1 轨道的数量。

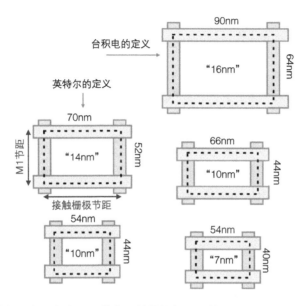

图 1.15　英特尔和台积电在不同节点下的简化版图比较，显示了 CGP 和 M1 节距的对比

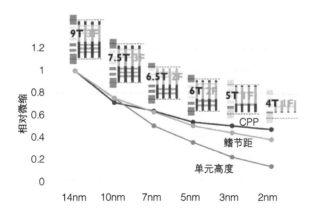

图 1.16　最近几代和未来几代标准逻辑单元版图的微缩趋势，T 是 M1 轨道的数量，F 是鳍的数量

需要指出，CGP 和 M1 节距指标在量化 SRAM 单元密度方面并不准确。SRAM 单元非常依赖四条金属线，即地线、电源线、WL 和 BL，而代工厂针对它们专门优化了版图规则，因此在相同的工艺节点上，SRAM 版图比逻辑单元的版图更加紧凑。在实际应用中，以 μm^2

为单位的绝对面积是衡量 SRAM 单元密度的直接指标。图 1.17 为以 μm² 为单位的高密度 SRAM 单元面积的微缩趋势，显然在最先进的节点中，SRAM 的微缩趋势已经偏离了 0.7 倍，这表明摩尔定律正在放缓。

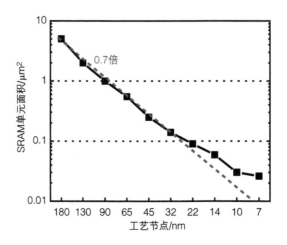

图 1.17　以 μm² 为单位的高密度 SRAM 单元面积的微缩趋势

1.5　逻辑晶体管的工艺演变

在过去的几十年中，半导体产业已经取得了巨大的进步，通过超越简单几何缩小的工艺技术实现了持续的微缩。CMOS 晶体管的优化策略考虑以下方面：①增加开态电流，从而降低延迟并加快电路运行速度；②抑制关态电流，从而最大限度地降低静态功耗；③维持栅极对沟道的控制能力，同时抑制漏端对沟道的耦合影响，因为晶体管本质上是一个栅极控制的开关。为了实现这些目标，人们在逻辑晶体管的材料和器件结构上引入了一些重要的技术创新，如图 1.18 所示。

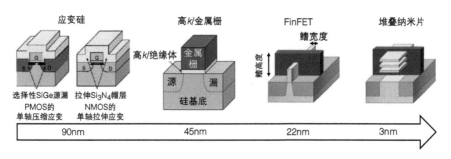

图 1.18　逻辑晶体管材料和器件结构在 90nm、45nm、22nm 以及可能的 3nm 上的重要技术创新

首先在 90nm 节点上，工业界引入了应变硅技术[9]。最初为了降低源极 / 漏极接触的串联电阻，人们使用锗硅材料取代纯硅以形成源极 / 漏极接触抬高的结构，结果发现锗硅材料对 PMOS 晶体管产生了施加压缩应力的效果，这种应变硅的晶体结构有效地改变了能带结构，从而提高了空穴迁移率。另一方面，Si_3N_4 帽层可以对 NMOS 晶体管施加拉伸应力。应变工程已应用于 90nm 以下的所有工艺节点，以提高载流子迁移率。

进一步地在 45nm 节点上，工业界引入了高 k 电介质和金属栅技术[10]。为了增加等效栅极电容和栅极与沟道之间的耦合，需要缩小栅极氧化物的厚度，然而当 SiO_2 厚度接近 2nm 以下时，由于量子力学的效应，直接隧穿电流会呈指数级增长，从而导致栅极漏电流大幅增加。为了在不增加栅极漏电流的情况下提高栅极电容，人们采用了相对介电常数 k 高于 SiO_2（$k = 3.9$）的高 k 电介质，如 HfO_2（$k = 20 \sim 25$），以便在保持物理厚度仍大于 3nm 的情况下，使等效氧化层厚度（EOT）低于 1nm（以 SiO_2 为标准）。为了减轻高 k 介电层带来的负面影响，如远程声子散射导致的载流子迁移率降低问题，工业界还将重掺杂的多晶硅栅极替换为金属栅极。为了调节阈值电压，在 45nm 以下的所有工艺节点中还采用了金属功函数工程。

之后在 22nm 节点上，工业界引入了 FinFET 技术[11]，这是从传统平面结构向非平面结构的突破性转变。当栅极长度减小到 50nm 以下时，短沟道效应变得显著，如亚阈值斜率增加导致的关态电流增大。还有当源漏靠近时，漏极电压的增加将显著降低源极和沟道之间的势垒，即漏致势垒降低（DIBL）效应，导致阈值电压因漏极电压增大而降低，而栅极失去了对沟道中反型载流子的控制，反倒是漏极对载流子向沟道注入的影响更大。为了提高栅极对沟道的控制，FinFET 采用立体的鳍结构，即栅极与沟道的三个表面接触。FinFET 的另一个优势是提高了单位面积的电流密度。鳍通常非常高，其高度甚至大于鳍之间的横向节距，因此在相同的面积下，FinFET 可以提供更大的开态电流。由于以上优异的特性，采用三面栅结构的 FinFET 已成为从 22nm 节点到 5nm 节点的几代工艺节点的主流技术。

最后，也是很重要的一点，在 3nm 或更小的节点上，堆叠纳米片的晶体管有望得到应用[12]。这种终极结构利用围栅（GAA）结构提供最大可能的栅极对沟道控制能力，而将 GAA 与鳍结构相结合，就能实现堆叠纳米片结构，并进一步提高单位面积的开态电流密度。更先进的设计是在同一个鳍堆上同时堆叠 NMOS 和 PMOS，从而实现单片 3D CMOS 逻辑电路模块[13]。在未来的 21 世纪 20 年代里，晶体管仍有大量的器件级设计和优化空间，使其性能和集成密度进一步提升。在逻辑工艺中取得的这些技术进步可以直接惠及 SRAM 的设计，并且有可能转移到 DRAM 或 NAND 闪存的外围电路设计中，后者在其外围电路上通常落后几代。

参 考 文 献

[1] Zetta-scale data, https://www.forbes.com/sites/tomcoughlin/2018/11/27/175-zettabytes-by-2025/

[2] C. Gonzalez, E. Fluhr, D. Dreps, D. Hogenmiller, R. Rao, J. Paredes, M. Floyd, et al., "POWER9™: a processor family optimized for cognitive computing with 25Gb/s accelerator links and 16Gb/s PCIe Gen4," *IEEE International Solid-State Circuits Conference (ISSCC)*, 2017, pp. 50–51, doi: 10.1109/ISSCC.2017.7870255.

[3] Standalone memory market size in 2020, https://www.icinsights.com/data/articles/documents/1375.pdf

[4] 3D X-point technology, https://www.intel.com/content/www/us/en/architecture-and-technology/intel-micron-3d-xpoint-webcast.html

[5] M.-F. Chang, A. Lee, P.-C. Chen, C.J. Lin, Y.-C. King, S.-S. Sheu, T.-K. Ku, "Challenges and circuit techniques for energy-efficient on-chip nonvolatile memory using memristive devices," *IEEE Journal on Emerging and Selected Topics in Circuits and Systems*, vol. 5, no. 2, pp. 183–193, June 2015, doi: 10.1109/JETCAS.2015.2426531.

[6] G.E. Moore, "Cramming more components onto integrated circuits," *Proceedings of the IEEE*, vol. 86, no. 1, pp. 82–85, January 1998, doi: 10.1109/JPROC.1998.658762.

[7] The Moore's Law slowing down, https://semiengineering.com/the-impact-of-moores-law-ending/

[8] H.-S.P. Wong, K. Akarvardar, D. Antoniadis, J. Bokor, C. Hu, T.-J. King-Liu, S. Mitra, J.D. Plummer, S. Salahuddin, "A density metric for semiconductor technology [point of view]," *Proceedings of the IEEE*, vol. 108, no. 4, pp. 478–482, April 2020, doi: 10.1109/JPROC.2020.2981715.

[9] T. Ghani, M. Armstrong, C. Auth, M. Bost, P. Charvat, G. Glass, T. Hoffmann, et al., "A 90nm high volume manufacturing logic technology featuring novel 45nm gate length strained silicon CMOS transistors," *IEEE International Electron Devices Meeting (IEDM)*, 2003, pp. 11.6.1–11.6.3, doi: 10.1109/IEDM.2003.1269442.

[10] K. Mistry, C. Allen, C. Auth, B. Beattie, D. Bergstrom, M. Bost, M. Brazier, et al., "A 45nm logic technology with high-k+metal gate transistors, strained silicon, 9 Cu interconnect layers, 193nm dry patterning, and 100% Pb-free packaging," *IEEE International Electron Devices Meeting (IEDM)*, 2007, pp. 247–250, doi: 10.1109/IEDM.2007.4418914.

[11] C. Auth, C. Allen, A. Blattner, D. Bergstrom, M. Brazier, M. Bost, M. Buehler, et al., "A 22nm high performance and low-power CMOS technology featuring fully-depleted tri-gate transistors, self-aligned contacts and high density MIM capacitors," *IEEE Symposium on VLSI Technology*, 2012, pp. 131–132, doi: 10.1109/VLSIT.2012.6242496.

[12] N. Loubet, T. Hook, P. Montanini, C.-W. Yeung, S. Kanakasabapathy, M. Guillom, T. Yamashita, et al., "Stacked nanosheet gate-all-around transistor to enable scaling beyond FinFET," *IEEE Symposium on VLSI Technology*, 2017, pp. T230–T231, doi: 10.23919/VLSIT.2017.7998183.

[13] C.-Y. Huang, G. Dewey, E. Mannebach, A. Phan, P. Morrow, W. Rachmady, I.-C. Tung et al., "3-D self-aligned stacked NMOS-on-PMOS nanoribbon transistors for continued Moore's Law scaling," *IEEE International Electron Devices Meeting (IEDM)*, 2020, pp. 20.6.1–20.6.4, doi: 10.1109/IEDM13553.2020.9372066.

第 2 章

静态随机存取存储器（SRAM）

2.1　6T SRAM 单元操作

2.1.1　SRAM 阵列和 6T 单元

　　静态随机存取存储器（Static Random Access Memory, SRAM）是主流的嵌入式存储技术，主要用作处理器的片上缓存。"静态"意味着只要电源通电，数据就会保持不变。"随机访问"意味着可以独立读写数据的每一位。SRAM 子阵列的组织方式通常如图 2.1a 所示，除了常见的外围电路，如译码器、多路复用器、灵敏放大器和写驱动器之外，还使用了额外的预充电和均衡器模块，这是为了适应 SRAM 阵列的互补位线特性。互补位线包括两条位线，即 BL 和 $\overline{\text{BL}}$。图 2.1b 显示了列侧外围电路的详细电路原理图，读 / 写选择多路复用器决定了读和写之间的操作模式。读取操作时，通过启用灵敏放大器以感应 BL 和 $\overline{\text{BL}}$ 之间的小信号差异，然后将信号放大为数字 "0" 和 "1"，数据随后被锁定在输出触发器中。写入操作时，写驱动器被激活，并生成将要写入的数据及其互补数据，然后数据通过 BL 和 $\overline{\text{BL}}$ 传递到存储单元。

　　图 2.2a 显示了通常由 6 个晶体管（6 Transistor, 6T）构成的 SRAM 单元电路原理图[⊖]。6T 单元的核心包括两个交叉耦合的反相器（INV1 和 INV2），N1 和 N2 节点被称为 SRAM 单元的存储节点，因为数据可以被表示为存储在这两个节点之一的电荷。由于 6T 单元的对称性，所以 N1 和 N2 之间的数据模式总是互补的。如果 N1 存储了 "1"，即电压为电源电压（V_{DD}），那么 N2 则为 "0"，即电压为接地电压。因此，6T 单元中只存储 1 位信息，通常被视为存储在 N1 上。存储节点通过两个选通晶体管连接到 BL 和 $\overline{\text{BL}}$，这两个晶体管的栅极由相同的字

⊖　如果没有明确说明，本书中所讨论的 SRAM 均为这种 6T 单元，晶体管是指金属 - 氧化物半导体场效应晶体管（MOSFET）。

线（WL）控制。图 2.2b 显示了 6T 单元的晶体管级原理图，包括了 4 个 NMOS 晶体管和 2 个 PMOS 晶体管。这 6 个晶体管被分为 3 组：下拉（PD）NMOS、上拉（PU）PMOS 和传输门（PG）NMOS。

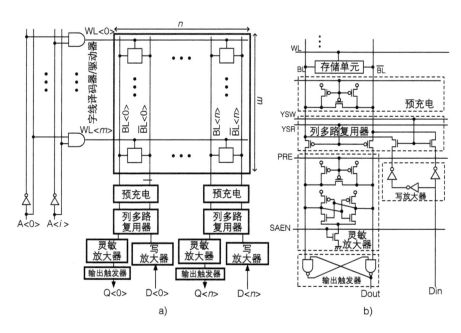

图 2.1　a）SRAM 子阵列及外围电路原理图；b）列侧外围电路原理图

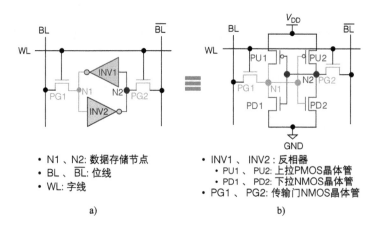

图 2.2　6T SRAM 单元的电路原理图

2.1.2　保持、读取和写入的原理

保持操作的作用是在未执行读取或写入操作时维持数据不变。在保持模式下，WL 接地，于是两个 PG 晶体管都关闭，因此这时即使 BL 和 $\overline{\text{BL}}$ 都被偏置为 V_{DD}，N1 和 N2 节点也与 BL 和 $\overline{\text{BL}}$ 隔离，交叉耦合反相器的正反馈则有助于在电源通电的情况下维持数据。

SRAM 的读取操作如图 2.3a 所示。在接下来的讨论中，我们假设 N1 存储"0"，N2 存储"1"。在读取操作之前，由 3 个晶体管组成的均衡器电路（见图 2.1b）对 BL 和 $\overline{\text{BL}}$ 进行了预充电，使它们都达到了 V_{DD}。此时由于长距离的互连线引入的寄生电容，BL 和 $\overline{\text{BL}}$ 可以被建模为两个电容，因此可以在预充电到 V_{DD} 时保持电荷。在读取过程中，均衡器被禁用，WL 被电压脉冲（例如 V_{DD}）激活，这时两个 PG 晶体管都打开了。因为 N1 存储了"0"，并且 BL 和 N1 分别成为了 PG1（NMOS 晶体管）的漏极和源极，所以 6T 单元的左分支将在通过 PG1 和 PD1 从 BL 到地的路径上出现放电电流，即电流从 BL 流向 N1，这个电流必须通过 PD1 接入地。于是，该电流将会轻微升高 N1 的电压，因为 N1 成为了 PD1 的漏极。由于来自 BL 的放电电流，BL 电压将从 V_{DD} 逐渐降低。6T 单元的右分支将不会出现来自 $\overline{\text{BL}}$ 的任何显著的放电电流，因为 N2 和 $\overline{\text{BL}}$ 都应该保持在 V_{DD}，并且 PG2 的漏极 / 源极的电位相等，不会出现任何电流。此时，BL 和 $\overline{\text{BL}}$ 之间形成了一个电压差，被称为感应容限电压 ΔV，在这个读取"0"的示例中，BL 电压略小于 $\overline{\text{BL}}$ 电压。在一定的信号变化时间后，灵敏放大器开启，由于它的差分输入性质，这样的小电压差将被放大。图 2.1b 给出了一种基于锁存器的灵敏放大器代表性设计实例。最初，SAEN 信号处于关闭状态，灵敏放大器中的锁存器两侧都由均衡器预充电到 V_{DD}。当 SAEN 信号开启时，从 BL 和 $\overline{\text{BL}}$ 传递的小电压差将使锁存器的状态发

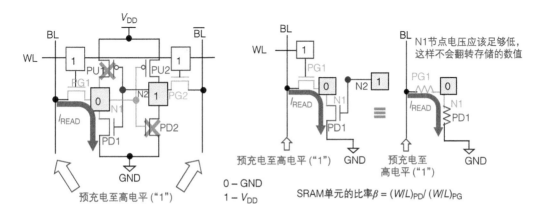

图 2.3　a）主电流路径的 SRAM 读取操作原理；b）读取期间放电的电流路径近似为基于电阻的分压器

生翻转。在从 N1 读取 "0" 的情况下，较小的 BL 电压将使锁存器的左侧下拉向接地，而锁存器的右侧保持在 V_{DD}。由此，输出触发器锁定了该数据，并且 DOUT 节点中的数据与此 6T 单元中存储的 "0" 数据相同。

在读取操作中，一个关键的设计考虑是确保存储的 "0" 不会因放电电流而意外翻转。如前文所述，在读取操作期间，N1 节点电压会上升，如果 N1 节点电压过高，则导致交叉耦合反相器翻转的风险增加（特别是在存在噪声时），使得 N1 翻转为 "1"。因此，N1 上允许的最大电压存在限制。在读取操作中，只有两个晶体管处于开启状态（PG1 和 PD1）。为了分析安全读取条件的要求，可以将 PG1/PD1 视为简单的电阻进行近似，因此，放电电流路径变为基于两个电阻的分压器，如图 2.3b 所示。为确保 N1 节点电压不会显著升高，PD1 的电阻应小于 PG1 的电阻，换句话说，PD1 的电导应大于 PG1 的电导，说明 PD1 比 PG1 具有更大的电流驱动能力。由于 PD1 和 PG1 都是 NMOS 晶体管，原则上它们的宽度 / 长度（W/L）比应适当调整，使得 PD1 应比 PG1 更宽，以保证 PD 晶体管比 PG 晶体管更强。这里我们定义一个描述 SRAM 单元安全读取条件的关键参数——SRAM 单元的比率 $\beta = (W/L)_{PD} / (W/L)_{PG}$。通常在平面晶体管时代的大多数成熟工艺节点中，$\beta = 2$。

图 2.4 显示了读取操作的时序图和波形。首先，对 BL 和 $\overline{BL}$ 进行预充电到 V_{DD}，然后打开 WL。可以看到，不仅 N1 节点电压略有增加，而且由于交叉耦合反相器的正反馈特性，

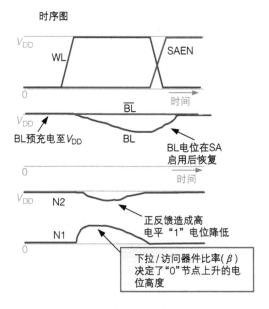

图 2.4　SRAM 读取操作的时序图和波形

N2 节点电压也略有下降。尽管存在这种干扰，但为了在读取期间避免意外翻转，N1 和 N2 的电压应该保持良好的分离。在出现足够大的感应容限电压（定义为 BL 和 $\overline{\text{BL}}$ 之间的电压差）后，SAEN 信号开启，由于灵敏放大器的锁存效应，N1 节点被恢复为 "0"，而 N2 节点被恢复为 "1"。在 WL 关闭后，均衡器被打开，对 BL 和 $\overline{\text{BL}}$ 进行预充电到 V_{DD}。读取速度主要由 PG 晶体管的驱动能力决定，例如，如果 BL 寄生电容 $C_{\text{BL}} = 50\text{fF}$，要在延迟 $\Delta t = 0.5\text{ns}$ 内实现 $\Delta V = 100\text{mV}$ 的感应容限电压，则可以近似算出 PG 晶体管的电流为 $I_{\text{PG}} = C_{\text{BL}} \times \Delta V/\Delta t = 10\mu\text{A}$。

　　SRAM 的写入操作如图 2.5 所示。在以下讨论中，假设 N1 存储了 "0"，而 N2 存储了 "1"。写入操作需要通过将 "1" 存储到 N1 而将 "0" 存储到 N2 来实现状态翻转。为了做好写入准备，在给定外部数据总线的待写入数据时，写驱动器将 BL 电位置为 V_{DD}，同时将 $\overline{\text{BL}}$ 电位置为地。在写入期间，WL 通过电压脉冲（即 V_{DD}）被激活，两个 PG 晶体管都打开。写入操作的第一阶段如图 2.5a 所示，6T 单元的左分支将出现与读取操作相同的偏置条件，其中 N1 电位由于通过 PG1 和 PD1 流过的电流而略有升高。然而，由于受到安全读取条件的保证，N1 节点不会触发从 "0" 到 "1" 的翻转。6T 单元的右分支将出现通过 PU2 和 PG2 从 V_{DD} 到接地的 BL 的电流，由于这个放电电流的存在，N2 节点电压将逐渐降低。写入操作的第二阶段如图 2.5b 所示。需要注意的是，N2 节点也是 PU1 的栅极，当 N2 电压足够低时，相当于 PU1（PMOS 晶体管）被施加了负的栅源电压，因此 PU1 会打开。然后，由于 PU1

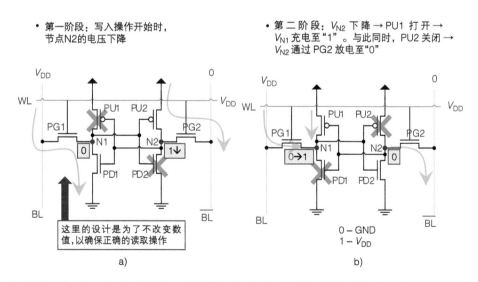

图 2.5　a）SRAM 写入操作第一阶段的原理，即启动 "1" 到 "0" 的转变；b）第二阶段遵循 "0" 到 "1" 的转变

可以从 V_{DD} 传递额外的电流，进一步对 N1 节点充电，使得 N1 节点电压将朝着 V_{DD} 增加。与此同时，由于 N1 节点是 PU2 的栅极，导致 PU2 将关闭。由于这是一个正反馈环路，最终 N1 将达到 V_{DD}，而 N2 将降至地，从而使写入操作完成。

总结一下，写入操作刚启动时，先实现了从"1"到"0"的翻转，因为安全读取条件禁止了从"0"到"1"的翻转启动。由于写入操作最初仅涉及两个晶体管，因此可以将 PU2/PG2 视为简单的电阻，以分析安全写入条件的要求。同样，放电电流路径变为基于两个电阻的分压器，如图 2.6 所示。为了确保 N2 节点电压大幅降低（以激活 PU1），PU2 的电阻应大于 PG2 的电阻，也就是说，PU2 的电导应小于 PG2 的电导，即 PU2 比 PG2 具有更大的电流驱动能力。需要注意的是，PU2 是一个 PMOS 晶体管，而 PG2 是一个 NMOS 晶体管，由于电子的迁移率比空穴高$^{\ominus}$，所以即使具有相同的晶体管宽度，NMOS 通常也具有比 PMOS 更大的驱动能力，也就是说，PG 晶体管比 PU 晶体管更弱。这里我们同样定义一个描述 SRAM 单元安全写入条件的关键参数——SRAM 单元的比率 $\gamma = (W/L)_{PU} / (W/L)_{PG}$。通常在平面晶体管时代的大多数成熟工艺节点中，$\gamma = 1$。

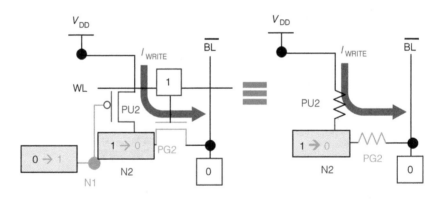

SRAM 单元的比率 $\gamma = (W/L)_{PU} / (W/L)_{PG}$

图 2.6　写入期间放电电流路径近似为基于电阻的分压器

图 2.7 显示了 SRAM 写入操作的时序图和波形。首先，分别对 BL 和 $\overline{BL}$ 进行 V_{DD} 和接地的预充，然后打开 WL，可以看到，N2 节点的电压下降速度比 N1 节点的电压上升速度更快，这与先前的讨论一致，即首先发生"1"到"0"的翻转，然后才是"0"到"1"的翻转。最终，N2 和 N1 电压交叉触发，从而使翻转完成。在 WL 关闭后，将开启均衡器以对 BL 和 $\overline{BL}$ 进行预充电到 V_{DD}。

　$\ominus$　在大多数平面晶体管中，电子的迁移率明显高于空穴（例如 2 倍）。不过，在 FinFET 时代，空穴迁移率正在接近电子迁移率。

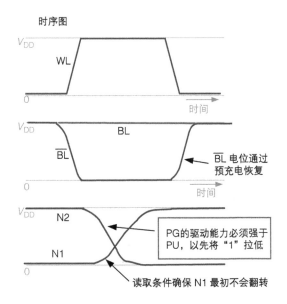

图 2.7　SRAM 写入操作的时序图和波形

2.2　SRAM 稳定性分析

2.2.1　静态噪声容限

　　SRAM 单元的稳定性可以通过静态和动态分析来表征[1]。静态分析假设导致单元翻转（无论是由噪声还是写入操作引起）的激励将永远存在，这当然不是一个现实的假设。尽管如此，从静态分析开始更容易，并且它可以提供直观的设计指导。由于交叉耦合反相器提供的正反馈特性，存储在 SRAM 中的数据对电路中的噪声具有一定程度的抵抗能力。静态噪声容限（Static Noise Margin，SNM）广泛用于衡量对噪声引起的干扰的稳定性。SNM 可以分为三种类型：保持静态噪声容限（Hold SNM，H-SNM）、读取静态噪声容限（Read SNM，R-SNM）和写入静态噪声容限（Write SNM，W-SNM）。我们将在以下内容中对它们进行讨论。

　　保持状态下 PG 晶体管是关闭的，因此交叉耦合反相器与 BL 和 $\overline{\text{BL}}$ 隔离开，H-SNM 原则上由这两个交叉耦合反相器的电压传输曲线（Voltage Transfer Curve，VTC）来表征。图 2.8 显示了由两个 VTC 组成的蝶形曲线。图中的 x 轴是 N1 电压，y 轴是 N2 电压。对于 INV2，N1 是输入，N2 是输出。随着 N1 电压从地到 V_{DD} 的变化，N2 电压沿着红色的 VTC 从 V_{DD}

降至地。对于 INV1，N2 是输入，N1 是输出。因此，x 轴和 y 轴应交换它们的角色。当 N2 电压从地到 V_{DD} 变化时，N1 电压沿着蓝色的 VTC 从 V_{DD} 降至地。这两个 VTC 之间有 3 个交点：角上的两个交点是存储状态的稳定点，而中间的一个交点是亚稳态点，它可以被噪声轻易地扰动并翻转到两个稳定点中的任何一个。静态噪声被建模为施加于存储节点之一的电压源，它有效地移动了一个 VTC，使得 3 个交点变为 2 个（只有一个稳定点）。在图 2.8 给出的示例中，存储单元被确定性地翻转到唯一的稳定点 B。存储单元在保持期间能够容忍的最大噪声由可以嵌入到两个 VTC 内的最大正方形来衡量，这个内嵌正方形的边长被定义为 H-SNM。理论上，可以通过将 x 轴和 y 轴旋转 45° 来计算两个 VTC 之间的最大距离，进而找到最大内嵌正方形。在理想情况下，这两个 VTC 是沿着 45° 角的直线（$V_{N2} = V_{N1}$）对称的。

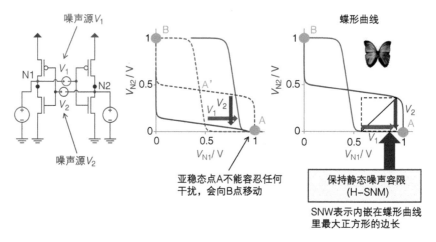

图 2.8   交叉耦合反相器的两条电压传输曲线组成的蝶形曲线。图中显示了保持静态噪声容限（H-SNM）

读取操作打开了 PG 晶体管，因此交叉耦合反相器连接到了 BL 和 $\overline{\text{BL}}$。为了帮助分析读取条件下的失真 VTC（INV2 的红色 VTC），可以考虑右分支的 3 个晶体管（见图 2.9 中的 PD2、PU2 和 PG2）。$\overline{\text{BL}}$ 被预充电到 V_{DD}，在静态分析中，可以假设它被偏置到 V_{DD}。同样，x 轴是 N1 电压，y 轴是 N2 电压。随着 N1 电压从地变化到 V_{DD}，N2 电压则从 V_{DD} 下降到某个较低的水平。与保持操作不同，N2 电压的这个低电压不是零，而在零以上，这种情况实际上是由 PG2 和 PD2 之间的分压效应决定的。比率 β 越大，低电压数值越小。正如前面讨论的，在读取过程中，需要将增加到的这个低电压值最小化，以避免意外翻转。类似地，其他失真的 VTC（INV1 的蓝色 VTC）也可以通过这种方式确定，或者简单地通过沿着 45° 线镜像 VTC（INV2 的红色 VTC）来确定。因此，蝶形曲线现在在内嵌的正方形具有一个更小的窗口，比保持情况的窗口要小。在读取过程中，存储单元能够容忍的最大噪声由能够嵌入到两个失真的 VTC 的最大正方形来衡量，这个内嵌正方形的边长被定义为 R-SNM。可以清楚地看到 R-SNM 始终小于 H-SNM。换句话说，读取操作比保持操作更容易受到噪声的影响，这是因为在读取过程中存储 "0" 的节点电压有轻微的升高，导致其更容易翻转为 "1"。

图 2.10 显示了通过模拟得到的 28nm 节点 6T SRAM 单元中，作为 V_{DD} 和比率 β 函数的 R-SNM 情况。可以看出，随着 V_{DD} 的降低，R-SNM 会减小，而增加比率 β 会以增大面积为代价提高 R-SNM。对于给定的工艺节点，V_{DD} 有一个最低值，以确保合理的 SNM（例如，>100mV）。

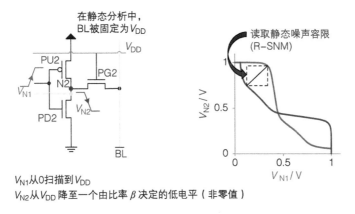

图 2.9　蝶形曲线由读取期间两条失真的电压传输曲线组成。图中显示了读取静态噪声容限（R-SNM）

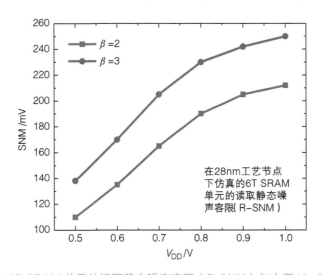

图 2.10　28nm 节点 6T SRAM 单元的读取静态噪声容限（R-SNM）与电源 V_{DD} 和单元比率 β 的关系

写入操作在左分支和右分支之间具有不对称的 VTC，如图 2.11 所示。假设 N2 最初存储了"0"并且将被写入"1"[⊖]，右分支具有与读取操作相同的偏置条件，从而产生了与图 2.9 中类似的 VTC（红色）。而与读取不同的是左分支，其中 BL 被偏置为地。随着 N2 电压从地变化到 V_{DD}，N1 电压从某个低数值下降到地，导致左分支产生了另一个 VTC（蓝色）。这个特定的低数值实际上由 PU1 和 PG1 之间的分压效应决定，比率 γ 越小，低电压数值越小。由于这两个 VTC 之间只有一个交点，所以将会发生确定的写入操作，该操作将翻转状态，使 N1 存储"0"、N2 存储"1"。为了在写入期间避免不确定性，应尽可能分开这两个 VTC，而不产生其他交点。因此，在写入期间，单元可以容忍的最大噪声是由能够适应这两个 VTC 的最小内嵌正方形来衡量的，这个内嵌正方形的边长被定义为 W-SNM。

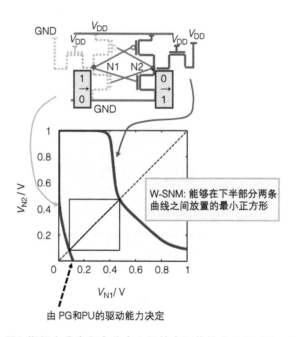

图 2.11 写入期间左分支和右分支之间的电压传输曲线不对称。图中显示了写入静态噪声容限（W-SNM）

2.2.2 N 曲线

尽管 R-SNM 指标是静态分析中读取电压噪声容限的常见度量标准，但它有一些缺点。例如，R-SNM 并不直观，因为需要对数据进行后处理，即需要将 x 轴和 y 轴旋转 $45°$ 并找到内嵌正方形。为了简化测试流程并使其与内联测试仪兼容，人们提出了 N 曲线方法[2]。

⊖ 这里假设 N2 从 0 切换到 1，而在之前图 2.5 的例子中，假设 N1 从 0 切换到 1。

N 曲线方法只需要通过电压源探测 SRAM 单元的存储节点，就可以提取静态电压噪声容限（SVNM）和静态电流噪声容限（SINM），如图 2.12 所示。假设 N1 存储"1"且 N2 存储"0"，$\overline{\text{BL}}$ 被置为 V_{DD}，并且外部电压源连接到 N2。随着来自外部源的输入电压（V_{in}）从地逐渐增加到 V_{DD}，通过电压源的电流被测量。最初，当 V_{in} 较低时，电流从 $\overline{\text{BL}}$ 流向 N2，将分流给 PD2 和电压源，因此电流 I_{in} 为负值（流向电压源）。随着 N2 电压的上升，更多电流将流经 PD2，在某一点 B 处，流向电压源的电流变为零。然后，进一步强制 N2 电压上升，电压源将向 N2 节点注入电流，因此 I_{in} 变为正值。在某一点 P 处，N2 电压变得足够大，以至于可触发翻转，因此 N 曲线回弹。因为其栅极电压 N1 节点变低，所以 PD2 关闭，但 PU2 打开，从而向 N2 节点提供额外的电流，这个电流只能流向电压源（因此 I_{in} 再次变为负值）。最后，当 V_{in} 达到 V_{DD} 时，SRAM 单元达到稳定状态，I_{in} 变为零。SVNM 被定义为 B 点和 C 点之间的电压距离，而 SINM 被定义为 P 点处的电流峰值。

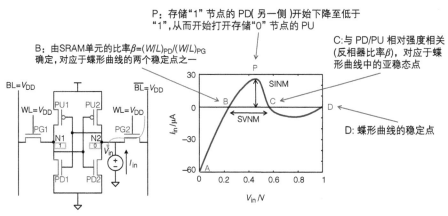

SINM = 在 SRAM 单元中数据翻转之前可以注入的最大直流电流
SVNM = 在 SRAM 单元的"0"节点上数据翻转之前可以承受的最大直流噪声电压

图 2.12　SRAM 单元的 N 曲线测试方案。图中显示了静态电压噪声容限（SVNM）和静态电流噪声容限（SINM）

　　图 2.13 显示了使用 3 种类型晶体管（PD、PU、PG）的输出特性曲线（漏极电流与栅极电压之间的关系）来测试 N 曲线的整个过程。这 3 个晶体管流向 N2 节点的总电流决定了 I_{in} 的大小，其值可以通过基尔霍夫定律计算得到。图 2.14 显示了蝶形曲线和 N 曲线之间的关系，这两个曲线都属于静态分析。实际上，两个曲线之间的关键点是相关的。蝶形曲线的 $\Sigma(I_{\text{PG}} + I_{\text{PU}} + I_{\text{PD}}) = 0$ 始终保持不变，R-SNM 则由两个存储节点之间的噪声定义，因此它与由于工艺涨落造成的晶体管不匹配更相关。N 曲线仅在 $I_{\text{in}} = 0$ 时（B 点、C 点和 D 点）具有

$\Sigma(I_{PG} + I_{PU} + I_{PD}) = 0$，并且它实质上刻画了 N2 节点与地之间的噪声电流注入，因此它与噪声电流注入更为相关。N 曲线的优点是可以直接从图中读取 SVNM 和 SINM，无需进行进一步的后处理。需要注意的是，N 曲线中定义的 SVNM 大于蝶形曲线中定义的 R-SNM。

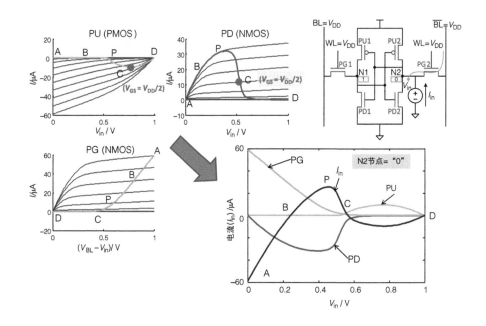

图 2.13　使用 3 种晶体管（PD、PU、PG）的输出特性曲线（漏极电流与栅极电压之间的关系）进行 N 曲线测试的全过程步骤

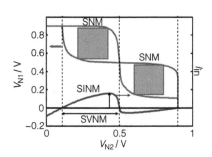

- 蝶形曲线
  - $\Sigma(I_{PG} + I_{PU} + I_{PD}) = 0$ 总是成立
  - SNM由两个存储节点之间的噪声定义
  - 与晶体管失配更相关

- N 曲线
  - 仅在 $I_{in} = 0$ 时，对于 V_{in} 节点满足 $\Sigma(I_{PG} + I_{PU} + I_{PD}) = 0$（A、B 和 C 点）
  - "0"节点和地之间的噪声
  - 与噪声电流注入更相关

图 2.14　蝶形曲线和 N 曲线之间的关系

2.2.3 动态噪声容限

　　动态分析更适用于 SRAM 操作的实际场景，因为读 / 写是在脉冲模式下执行的，或者噪声通常只持续很短的一段时间。对于保持模式，噪声可以被建模为持续一定时间的电流注入。假设 N1 存储 "1"、N2 存储 "0"，并且噪声电流被注入到 N2，则可以模拟 N1 和 N2 电压随时间的波形。时间域波形可以映射到 N1 电压与 N2 电压图中，形成一个轨迹。当噪声电流注入到 N2 节点时，N2 电压会升高到地以上，N1 电压可能会下降。如果噪声持续时间很短（例如，在此示例中 200ps 后消失），则 N2 和 N1 电压将分别返回到地和 V_{DD}，如图 2.15a 所示。这种对存储状态的自动恢复归功于交叉耦合反相器的正反馈特性。但是，如果噪声持续时间足够长，以至于 N2 电压上升到超过翻转点，那么恢复将失败，状态将会翻转，如图 2.15b 中的时间域波形和 N1 电压与 N2 电压图中的轨迹所示。本质上，存在着一个关键电荷量（Q_{crit}）会触发翻转，这取决于噪声电流幅度及其持续时间的乘积。随着工艺尺寸的缩小，由 3 个晶体管贡献的存储节点的寄生电容（例如，PD、PG 和 PU 的漏极到衬底的电容）可能会减小，因此 Q_{crit} 可能会减小，使得 SRAM 单元更容易受到影响。

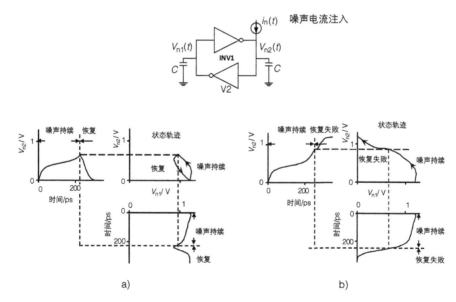

图 2.15　瞬态噪声的动态分析（建模为存储节点 "0" 的电流注入）。N1 和 N2 电压的时域波形及其在 N1 电压与 N2 电压图中的轨迹。a）如果噪声较短，则动态恢复；b）如果噪声很长，则状态翻转

　　在 N1 电压与 N2 电压图中，可以定义 "分离曲线"（separatrix）的概念[3]，它定义了在传输门（PG）晶体管关闭时，SRAM 单元稳定性的边界。在分离曲线的两侧，SRAM 单

元的两个存储节点电压将被吸引到图的左上角和右下角的两个稳定点。当交叉耦合反相器完全匹配时,分离曲线是一个在图中呈 45° 角的直线。当交叉耦合反相器不完全匹配时,分离曲线将成为一个分割图的曲线。通过对存储节点进行一定的电流注入,可以定义节点电压轨迹穿越分离曲线所需的临界时间(T_{across})。图 2.16 显示了分离曲线图和读写操作之间的冲突。在读取操作期间,存储 "0" 的节点被 PG 晶体管电流提升,这类似于前面在保持模式中讨论的噪声电流注入。因此,读脉冲宽度(T_R)需要足够短,以避免意外写入。在分离曲线图中,应满足 $T_R < T_{\mathrm{across}}$。在写入操作期间,存储 "1" 的节点被 PG 晶体管电流拉低,需要一些时间才能在到达翻转点之前将其放电。因此,写脉冲宽度(T_W)需要足够长,以确保成功写入。在分离曲线图中,应满足 $T_W > T_{\mathrm{across}}$。从根本上讲,读取操作和写入操作之间的冲突源于它们共享 6T 单元中的同一个 PG 晶体管。从稳定性的角度看,读取时更倾向于使用较弱的 PG 晶体管(与 PD 晶体管相比),以将单元与外部 BL 或 $\overline{\mathrm{BL}}$ 隔离;从编程效率的角度看,写入时更倾向于使用较强的 PG 晶体管(与 PU 晶体管相比),以将单元与外部 BL 或 $\overline{\mathrm{BL}}$ 耦合。

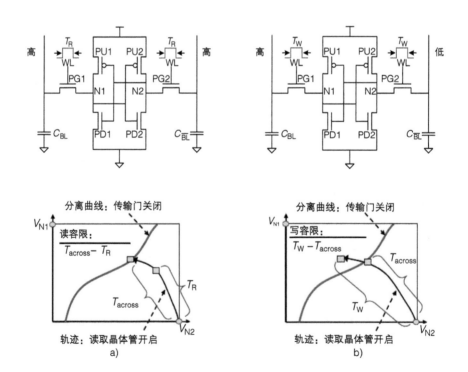

图 2.16　读取操作和写入操作之间的冲突的分界图。a)读取脉冲应短于穿过分界线边界的临界时间;b)写入脉冲应长于穿过分界线边界的临界时间

与静态分析相比，动态分析更准确。实际上，对于保持或读取操作，估计的 H-SNM 或 R-SNM 过于悲观，因为噪声持续时间或读取脉冲并不是像在静态分析中假设的那样是无限的。另一方面，在实际情况下，估计的 W-SNM 则过于乐观，因为写入脉冲不像在静态分析中假设的那样是无限的。针对给定的工艺技术，为了表征 SRAM 的性能，通常使用 Shmoo 图，如图 2.17 所示。通过改变电源 V_{DD} 和时钟频率（用于 WL 脉冲的 f）的 2D 扫描来测试 SRAM 阵列，并记录每个 V_{DD} 和 f 组合的成功 / 失败情况。通常情况下，当时钟频率过高或 V_{DD} 过低时会发生故障。当时钟频率过高时，写入故障占主导地位，因为没有足够的时间来保证状态翻转。当 V_{DD} 太低时，读取故障占主导地位，因为噪声容限不足。Shmoo 图基本上确定了 SRAM 的操作条件的范围。一般来说，更高的 V_{DD} 有利于更快的访问。

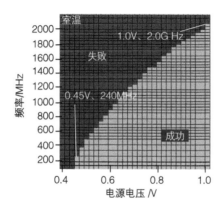

图 2.17　作为电源 V_{DD} 和时钟频率 f 函数的 Shmoo 图示例 SRAM 阵列级功能（成功或失败）

2.2.4　读与写的辅助方案

为了减轻读和写之间的冲突，可以采用读辅助和写辅助方案。一般来说，有两种方法可以提高读取期间的稳定性以及写入期间的效率：①修改偏置和脉冲方案；②向 SRAM 单元添加额外的晶体管。

首先，如图 2.18a 所示，可以为 6T 单元使用双电源。对于读取操作，WL 的电压可以降低到交叉耦合反相器的 V_{DD} 以下。因此，PG 晶体管的强度会减弱，从而减少流入存储 "0" 的存储节点的扰动电流，进而提高了读取的稳定性，付出的代价是读取速度较慢。对于写入操作，可以施加负 BL 脉冲，有助于拉低存储 "1" 的节点电位，因此写入效率得到了提高，这里的额外代价是在芯片上增加了产生负电压的电路。

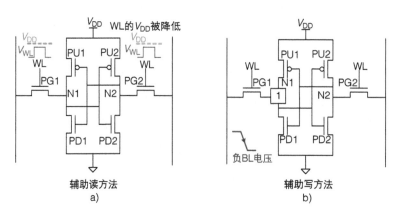

图 2.18　a）双电源方案以提高读取稳定性；b）提高写入效率的负 BL 方案

其次，如果考虑整个 SRAM 阵列，那么所选列和未选列之间存在冲突。在写入过程中，所选列希望有足够长的 WL 脉冲以确保成功写入，然而未选列由于共享相同的 WL，将受到相同的长 WL 脉冲影响，并且存储"0"的单元容易发生意外翻转。为了解耦 WL 脉冲宽度上的不同需求，人们提出了读取 - 修改 - 写入（RMW）方案 [4]，如图 2.19 所示。这个方案的思想是将写入分为两个阶段：首先，使用短的 WL 脉冲（以避免意外写入）读取所有列，并为每列配备一个灵敏放大器。接下来，再次打开 WL 并维持足够长的时间，以提供足够的写

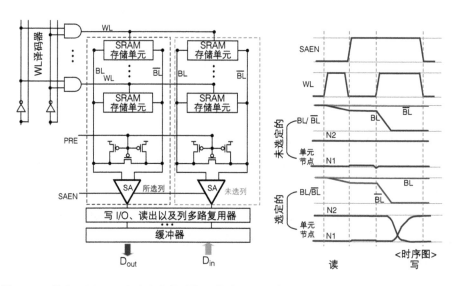

图 2.19　具有不同 WL 脉冲宽度的读取 - 修改 - 写入（RMW）方案，可解决在同时考虑选定列和未选定列的情况下对一个 SRAM 阵列中的读和写的不同要求

入容限。在第二阶段中，所有列中的单元都将写入新数据（对于所选列）或旧数据（对于未选列）。灵敏放大器用作写入驱动器，用于将数据写回（对于未选列）。常规的读取操作类似于 RMW 的第一阶段，同时使用了灵敏放大器之后的多路复用单元以选择适当的列来将数据传输到外部数据总线。

另一种可以独立引入的方法是通过添加更多的晶体管来优化 SRAM 单元结构。图 2.20 给出一种常用的读取解耦的 8T SRAM 单元[5]。这里，写入操作仍然使用与之前讨论的 6T 单元相同的方案，但是，通过引入两个额外的 NMOS 晶体管（M7 和 M8）、读字线（RWL）和读位线（RBL），读取通路现在与写入通路解耦。在这个结构里，M7 晶体管的栅极由存储节点 N1 控制，M8 晶体管的栅极由 RWL 控制。仅当 RWL 和 N1 电压都高时，才存在漏电流，RBL 电压将下降（被读取为 "0"）；否则，RBL 电压将保持不变（被读取为 "1"）。这样的读取通路对存储节点完全没有干扰，因此读取噪声容限现在与保持噪声容限相同。总之，读取解耦的 8T 单元可以显著提高读取的稳定性，但以显著的面积开销为代价。

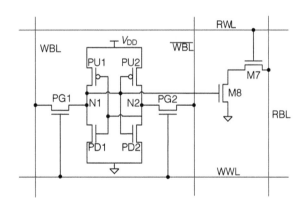

图 2.20　读取解耦的 8T SRAM 单元的电路原理图，可大幅提高读取稳定性

2.3　SRAM 的漏电流

2.3.1　晶体管的亚阈值电流

要理解在空闲或待机状态下 SRAM 在保持模式中的静态功耗，有必要先回顾晶体管的漏电流机制（以 NMOS 晶体管为例）。首先，晶体管存在亚阈值电流，亚阈值电流主要由源端载流子通过源和沟道之间的势垒注入到沟道中，并在沟道中形成的扩散电流贡献。在

晶体管的输出特性曲线 [log (I_D) – V_G] 中，当栅极电压低于阈值电压 (V_{th}) 时，漏极电流随栅极电压的下降而呈指数下降，如图 2.21a 所示。在此处，关态电流 (I_{off}) 被定义为 V_G 为零且 V_D 为 V_{DD} 时的 I_D，而开态电流 (I_{on}) 被定义为 V_G 和 V_D 均为 V_{DD} 时的 I_D。在这样的半对数图中，亚阈值区域呈现为一条直线，该直线的斜率称为亚阈值斜率（SS），其定义如下式所示：

$$S = \left(\frac{\mathrm{d}\log I_D}{\mathrm{d}V_G}\right)^{-1} = \frac{\partial V_G}{\partial \psi_S}\frac{\partial \psi_S}{\partial \log I_D} = \left(1 + \frac{C_{dm}}{C_{ox}}\right)\frac{kT}{q}\ln(10) = m \times 2.3\frac{kT}{q} \qquad (2.1)$$

SS 主要由两个因素决定：第一个是栅极电压 V_G 相对于表面势 ψ_S 的偏导数，即体效应系数（m），它反映了栅极与沟道的耦合比例；第二个是表面势对漏极电流的导数，它反映了载流子在玻尔兹曼分布下，受到热激发作用越过势垒的情况。体效应系数 m 代表了表面势相对于栅极电压变化的相对变化，通过一个基于两个电容的分压模型（氧化层电容 C_{ox} 和硅表面耗尽电容 C_{dm}）之间的关系来表示，如图 2.21b 所示。需要注意的是，$C_{ox} = \varepsilon_{ox}/t_{ox}$，而 $C_{dm} = \varepsilon_{si}/W_{dm}$，$\varepsilon_{si} \approx 3\varepsilon_{ox}$ [⊖]，因此体效应系数 m 可以通过硅沟道的耗尽层宽度（W_{dm}）和栅氧化层厚度（t_{ox}）重新表示为

$$m = \left(\frac{C_{ox} + C_{dm}}{C_{ox}}\right) = \frac{W_{dm} + 3t_{ox}}{W_{dm}} \qquad (2.2)$$

而 $2.3kT/q$ 是由温度和物理常数确定的[⊖]。由于体效应系数 m 始终大于 1，所以 SS 在室温下具有 60mV/dec 的下限。这意味着要使漏极电流减小一个数量级（10 倍），需要将栅极电压降低至少 60mV。在实际晶体管中，SS 的范围从 70mV/dec 到 100mV/dec 不等。增加栅极与沟道的耦合（例如，使用 FinFET 结构）将有助于降低 SS 并减小关态下的漏电流。

其次，晶体管可能会受到栅致漏极漏电流效应（GIDL）的影响，通常在栅 - 漏电势差（V_{GD}）或栅 - 源电势差（V_{GS}）为负值时发生。GIDL 的机制是能带到能带的隧穿，当能带因大的负 V_{GD} 或 V_{GS} 而产生严重弯曲时，载流子可能会直接从价带隧穿到导带。如图 2.21a 所示，当 V_G 变为负值时，GIDL 电流可以在晶体管的输出特性中观察到。

⊖ 这里假定栅极氧化层为 SiO_2，Si 的介电常数约为 SiO_2 的 3 倍。

⊖ $\ln(10) = 2.3$，是从以 10 为底的对数向以 e 为底的对数转换的系数，kT/q 为玻尔兹曼统计所确定的热电压，在室温下为 26mV。

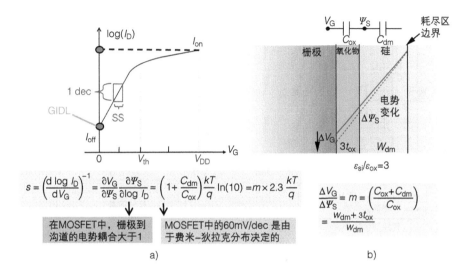

图 2.21　a）log（I_D）与 V_G 输出特性曲线图中显示的晶体管漏电流机制，包括亚阈值电流和栅致漏极漏电流效应（GIDL）电流；b）基于电容的分压器模型的示意图，用于说明栅极与沟道耦合，即体效应系数（m）

2.3.2　降低 SRAM 的漏电流

考虑到保持操作的标准偏置条件（$V_{WL} = 0$，$V_{BL} = V_{DD}$），图 2.22a 显示了在保持期间 6T 单元的主要漏电流路径。3 个晶体管存在关态电流，而 4 个晶体管可能存在 GIDL 电流。这些电流之和形成了一个 6T 单元的总漏电流，而这个漏电流乘以电源电压 V_{DD} 则可得到一个 6T 单元的静态功耗，这个功耗一般在 nW 范围内。然而，考虑到 MB 级别的缓存，总的静态功耗可能相当显著，处于 mW 范围内。

为了最小化静态功耗，有几种可行的方法。首先，可以使用高阈值电压的晶体管，但可能会牺牲访问速度。其次，在保持期间可以使用优化的偏置条件，如图 2.22b 所示。在给定电源电压 $V_{DD} = 0.9V$ 的情况下，交叉耦合反相器的最低电平可以提高（例如，$V_{SS} = 0.3V$），并且 BL 和 $\overline{\text{BL}}$ 的电压可以降低到中间电平（例如，$V_{BL} = V_{\overline{BL}} = 0.6V$）。相比于传统设计，从漏极到源极的电场降低到 1/3 ~ 2/3，这样通过 PU1、PG2 和 PD2 的关态电流会减小。此外，在这种偏置条件下，从栅极到源极和漏极的电场也大幅减小至传统设计的 1/3 ~ 2/3，从而也抑制了 PU1、PG1、PG2 和 PD2 的 GIDL 电流。

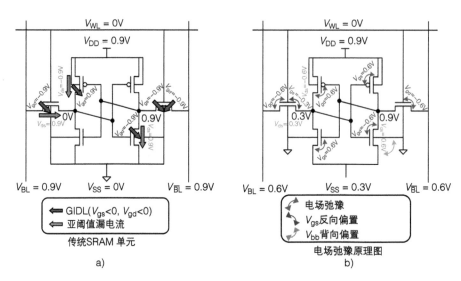

图 2.22　a）保持期间 6T 单元的主要漏电流路径；b）可最大限度地减少保持期间的漏电流的电场降低方案

2.4　涨落和可靠性

2.4.1　晶体管本征参数波动及其对 SRAM 稳定性的影响

SRAM 工艺节点的尺寸微缩面临诸多挑战，而半导体制程工艺中的涨落效应是其中的主要挑战之一。纳米尺度的晶体管在许多参数上都有着显著的本征参数波动，包括 V_{th}、I_{off} 和 I_{on}。这些本征参数的波动将导致 6T 单元（左右分支之间）出现失配，并导致不对称的蝶形曲线，同时 H-SNM 或 R-SNM 也将受影响而减小，因为它的定义是可以嵌入蝶形曲线内的正方形。图 2.23 展示了从 45nm 节点缩小到 28nm 节点的过程中，典型的 6T 单元蝶形曲线变化的示例，可以看出，蝶形曲线的离散度随节点缩小而增加，所以对于更先进的技术节点（这里考虑的都是平面晶体管结构的工艺），可用的噪声容限更小。当 V_{DD} 随着工艺节点微缩而进一步降低时，这一问题还会加剧。

如图 2.24 所示，造成纳米尺度晶体管本征参数波动的主要涨落源包括：随机掺杂波动（RDF）、线边粗糙涨落（LER）和金属功函数涨落（WFV）。当晶体管的沟道长度（L）缩小时，掺杂杂质的数量会越来越少（例如，当 $L<50$nm 时，杂质数量少于 100），这时一个晶体管与另一个晶体管的杂质数量及其相对位置可能会有差异。由于杂质在空间上决定了源极到

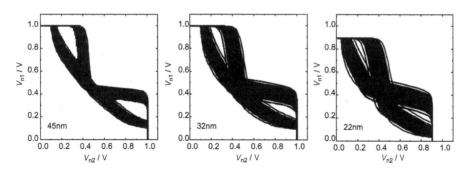

图 2.23   6T SRAM 单元读过程的蝶形曲线，从 45nm 节点缩小到 28nm 节点离散度逐渐增加

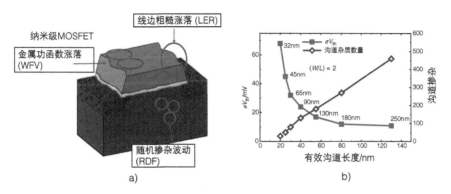

图 2.24   a）造成纳米尺度晶体管本征参数波动的主要涨落源，包括随机掺杂波动（RDF）、线边粗糙涨落（LER）和金属功函数涨落（WFV）；b）阈值电压标准差和杂质数量与晶体管沟道长度的关系

沟道的局部势垒，所以晶体管的 V_{th} 会受到 RDF 效应的显著影响。在一阶分析中，V_{th} 分布的 σ（对于平面晶体管而言）与栅面积（WL）的二次方根成反比，如下式所示：

$$\sigma V_{th(RDF)} = \frac{q}{C_{ox}} \sqrt{\frac{N_d W_{dm}}{3LW}} \tag{2.3}$$

式中，q 是基本电荷量；N_d 是沟道的掺杂浓度；W_{dm} 是沟道表面到衬底的最大耗尽层宽度；C_{ox} 是单位面积下的栅氧化层电容。

LER 主要是由光刻工艺及其后续刻蚀工艺的不完善造成的。由于光刻胶的分子性质，当其在光刻过程中暴露在光源下时，其边缘会变得粗糙。然后光刻胶的粗糙边缘会进一步转移到底层图案上（例如栅极边缘或 FinFET 中的鳍片边缘），粗糙度的标准差典型值为 1 ~ 2nm。当栅极长度的关键尺寸小于 30nm（或鳍片宽度小于 10nm）时，LER 效应将变得尤其显著。

WFV 是采用高 k/ 金属栅技术的先进晶体管所存在的另一个问题。人们通常使用金属合金来调制晶体管的阈值电压，金属合金的多晶性质加剧了这种涨落，特别是当关键尺寸缩小时，涨落的影响将更加显著。对于 FinFET 而言，由于其使用未掺杂或轻掺杂的沟道，所以 RDF 不是问题，这时 LER 和 WFV 主导了其本征参数波动。由于将 RDF、LER 和 WFV 视为统计上独立的随机源，因此它们对 V_{th} 的标准差的贡献可以表示为

$$\sigma V_{th(total)}^2 = \sigma V_{th(RDF)}^2 + \sigma V_{th(LER)}^2 + \sigma V_{th(WFV)}^2 \tag{2.4}$$

2.4.2 时变可靠性问题及其对 SRAM 稳定性的影响

本征参数波动本质上是一种静态效应，它决定了晶体管之间的空间涨落。另一方面，晶体管也具有时变可靠性问题，如随机电报噪声（RTN）[7] 和偏置温度不稳定性（BTI）[8]。其中，RTN 是短期效应，而 BTI 是长期效应。

图 2.25a 展示了 RTN 效应，具体而言，即当使用恒定的漏极电流源进行测量时，V_{th} 在时间域上会在两个数值之间来回变化。当载流子沿着沟道迁移时，会有一定的概率被氧化层中的陷阱捕获，并在一段时间后从陷阱中释放出来，这将导致漏极电流随时间波动（如果漏极被电流源偏置，会导致阈值电压波动）。当陷阱较多时，载流子捕获和发射的过程频繁发生，漏极电流就可能被平滑为随机噪声。然而，当晶体管缩小到纳米尺度时，沟道上将只有一个占主导地位的陷阱，这时两级的波动就变得可分辨了。图 2.25b 展示了当晶体管尺寸缩小时，由于 RTN 而加剧的 V_{th} 尾分布。这种 RTN 效应会影响 SRAM 单元最小 V_{DD} 的确定，为了更高的鲁棒性，设计时应该分配更多的裕量。

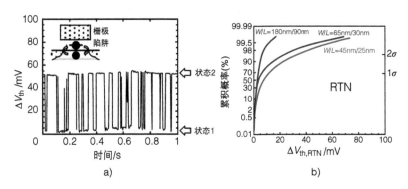

图 2.25 a）随机电报噪声（RTN）效应，图中显示阈值电压（V_{th}）随时间的波动；b）晶体管尺寸缩小时，由于 RTN 引起的 V_{th} 尾分布

BTI 是 V_{th} 在电应力下随时间漂移的一种效应，高温一般可以加速这种漂移。BTI 在 NMOS 和 PMOS 晶体管中都可能发生，但实际上 PMOS 比 NMOS 受 BTI 影响更大。由于 PMOS 具有负栅极电压，这种效应也被称为 NBTI。在 PMOS 栅极上长时间施加负电压，会导致在氧化层界面产生界面陷阱，NBTI 便与这些界面陷阱有关。图 2.26a 展示了 PMOS 晶体管的 NBTI 效应。当施加较大的应力栅电压时，V_{th} 的绝对值随着时间（t）的增加而增加，并且这种增加可以在高温下加速。NBTI 诱发的阈值电压漂移可以用多项式函数进行经验拟合：

$$V_{th,NBTI}(t) = At^n \qquad (2.5)$$

式中，A 和 n 是拟合参数。NBTI 对 SRAM 的可靠性将造成长期的影响，图 2.26b 展示了不同 V_{DD} 下 R-SNM 随操作时间的变化。因此，SRAM 在初始设计时，一般需要预留出足够的噪声容限，以使得 SRAM 单元在整个使用周期中都能够正常工作。

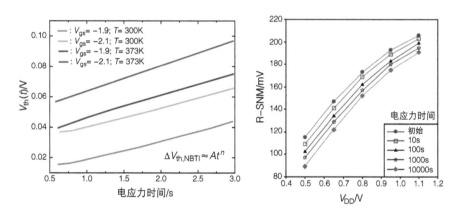

图 2.26 a）PMOS 晶体管的负偏置温度不稳定（NBTI）效应；b）不同 V_{DD} 条件下，读取静态噪声容限（R-SNM）和操作时间的关系

2.4.3 辐射效应造成的软错误

SRAM 对辐射效应也很敏感，辐射效应可分为单粒子翻转（SEU）效应和总离子剂量（TID）效应。当高能粒子单次撞击 SRAM 单元，导致一个或多个 SRAM 单元发生状态翻转时，就会发生 SEU。当高能粒子累积撞击 SRAM 单元，并引起晶体管阈值电压发生永久偏移时，就会发生 TID。因此，SEU 是短期效应，而 TID 是长期效应。

辐射效应一般有两个主要来源，第一个来源是 α 粒子（He^{2+}），它通常来自封装材料中不稳定同位素的核衰变。α 粒子可以被屏蔽，因此受关注较少。第二个来源是宇宙射线中的中子和重离子，它们很难被屏蔽，并会导致更严重的后果，因此使用 SRAM 的航空航天电子设备的主要关注点便是宇宙射线。当高能中子和重离子撞击硅衬底时，它们会转移能量（能量值一般高于硅的带隙），将电子从价带激发到导带。因此，电子 - 空穴对便沿着高能粒子的轨迹产生了。当撞击发生在晶体管的 p/n 结时（例如，晶体管的漏极到衬底之间的结），问题会更加严重。由于自建势垒和自建电场的存在，电子 - 空穴对将被分开，电子被高电势（例如 NMOS 的漏极）收集，空穴被地（例如 NMOS 的衬底）收集。

所产生的电子 - 空穴对可以对 SRAM 单元的存储节点产生大而短的噪声电流（典型值在毫安和几十皮秒的量级范围内），可以使用前面在图 2.15b 中提到的动态分析方法，将其建模为噪声电流注入。因此，如果存储节点 "0" 被击中，SRAM 状态可能会翻转，从而导致 SEU 发生。需要注意的是，SEU 不是永久性的错误，而只是暂时的翻转，因此，它被称为 "软错误"。软错误率随着工艺节点的微缩而增大，这是因为当尺寸缩小时，存储节点的电容会随之减小，进而导致临界电荷（Q_{crti}）的减小。

在 SRAM 阵列中，即使只有一次粒子撞击，也可能出现多比特错误[9]。图 2.27 显示了

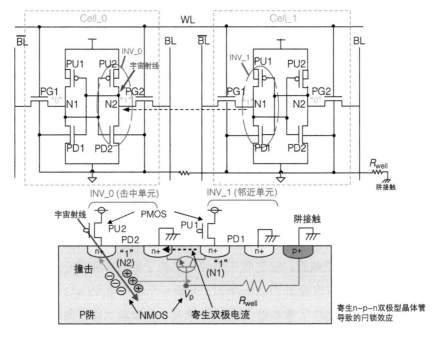

图 2.27　单粒子撞击导致多比特错误的机制，图中也展示了闩锁效应

多比特错误的机制。Cell_0 存储节点"1"被击中，当电子被注入节点 N2 时，它被翻转为
"0"。另一方面，空穴需要流动到接地的衬底端，因此空穴电流将沿 p 型衬底流向衬底接触。
由于 p 型衬底有一定的电阻，所以空穴电流将使衬底电势在 V_p 点处高于零。如果 V_p 足够高，
则在 Cell_0 和 Cell_1 的 PD 晶体管的 n 型源端接触之间，会形成一个导通的寄生双极结型晶
体管（BJT）。因此，Cell_1 的存储节点 N1（如果存储"1"）被该 BJT 放电，导致 Cell_1 也
翻转。这就是所谓的"闩锁"效应，在衬底电势从高到低逐渐衰减的过程中，它可能传播到
多个单元。为了消除这种闩锁效应，可以使用绝缘体上硅（SOI）晶体管技术进行抗辐射
SRAM 设计，这样衬底被绝缘体隔离，空穴电流就没有了传播的路径。

2.5　SRAM 版图和微缩趋势

2.5.1　6T 单元版图

　　为了说明 SRAM 版图的一般设计规则考虑，我们在这里选取 6T 单元作为一个典型例子。
图 2.28 展示了从 90nm 节点到 32nm 节点，使用平面晶体管结构且具有代表性的 6T 单元版图，
下面我们对这个版图进行详细分析。在整个版图中，栅极水平对齐，沟道垂直放置，中间是
包含两个上拉 PMOS 晶体管的 N 阱。每个上拉 PMOS 晶体管与下拉 NMOS 晶体管共用相同
的水平栅极。每个下拉 NMOS 晶体管在垂直方向与选通 NMOS 晶体管共用相同的漏极接触，
进而连接在一起，并占用相同的有源区。在这个具体例子中，我们可以看到 PD：PG：PU 晶
体管的 W/L 比是 2：1：1。根据这种版图，可以估计用 F^2 表示的 6T 单元面积。在垂直方向

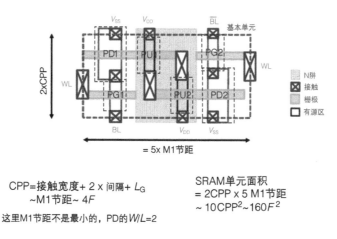

图 2.28　使用平面晶体管技术的典型 6T SRAM 单元版图，单元面积为 160 F^2

上，从 V_{SS} 接触到 BL 接触之间有 2 个接触栅极节距（Contacted Poly-Pitch, CPP 或 CGP）。在水平方向上，每个单元具有 6 个接触通孔（WL、BL、V_{DD}、V_{DD}、$\overline{BL}$、WL），因此具有 5 倍的 M1 距离。左右的 WL 接触通孔将通过上层金属连接（此处未显示）。应该注意的是，在90 ~ 32nm 工艺节点中，考虑到栅极长度、栅极与源极 / 漏极之间的间隔（spacer），以及源极 / 漏极接触通孔的尺寸，则 M1 节距大约是 $2F$，CPP 大约是 $4F$。因此，单元总面积是 $8F$（垂直）$\times 20F$（水平）$= 160F^2$。$150 ~ 160F^2$ 是高密度 6T SRAM 单元的典型下界，如果使用更大的 W/L 来实现更快的访问速度，则面积可能会超过 $300F^2$。

2.5.2 SRAM 微缩趋势

在平面晶体管时代，这种一般的 SRAM 版图已经维持了很多代，如图 2.29 所示的趋势，每一代以单元的绝对面积（μm^2）计算，缩放因子大约是 0.5 倍。图中还显示了制备的 6T SRAM 单元的显微俯视图，从中可以看到水平的栅极和垂直的有源区。SRAM 是逻辑工艺中要求最高的电路，需要精确的光刻图形，这是因为 SRAM 版图已经由代工厂进行了高度优化，接触、隔离和导线之间的距离都取了最小的值，有的甚至可能突破了逻辑设计规则。在用显微镜观察的 65nm SRAM 单元版图中，我们可以发现栅极图案并不完美，边缘形状为圆形（而不是矩形），这是由光学邻近效应导致的，即 65nm 远远超出了 ArF 紫外光源（波长 $\lambda = 193nm$）光刻的理论分辨率（$\lambda/2$）。为了将 193nm 光刻技术扩展到 65nm 及以下的技术节

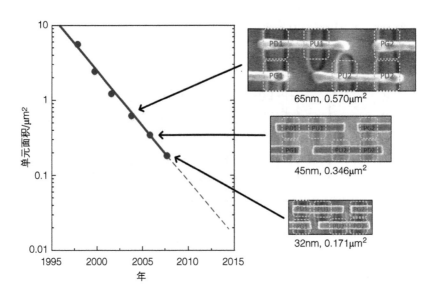

图 2.29　SRAM 版图的微缩趋势和平面晶体管时代 6T SRAM 单元的俯视显微图像

点，人们使用了多种技术，包括浸没式光刻（相当于增加透镜的数值孔径）、光学邻近效应修正（通过预测性的版图设计来补偿光学缺陷）和多重（双重、三重、四重）曝光，即将复杂图案分成几个简单的步骤。至于 7nm 及以下的节点，则必须用到波长更短的（13.5nm）极紫外光刻技术（EUV）。

我们在 1.4 节已讨论过，22nm 是引入 FinFET 的里程碑节点，同时 SRAM 单元面积缩小到了 $0.1\mu m^2$ 以下。然而，一般的 6T 版图规则在这时仍然适用。基于 FinFET 的 SRAM 所具有的新特性将在 2.6 节中详细阐述。图 1.17 显示了高密度 6T SRAM 单元向 7nm 节点的缩放趋势。同时，标准 V_{DD} 已降至 $0.6 \sim 0.7V$。近年来，虽然绝对单元面积（μm^2）的缩放趋势仍在继续，但速度已有所放缓，具体来说，如果将 F 简单假设为技术节点所代表的值（这其实是不准确的⊖），归一化的 F^2 会逐渐上升。对于高密度 6T 单元，22nm 节点的 $160F^2$ 变为了 5nm 节点的 $840F^2$，见表 2.1。

表 2.1　SRAM 从 22nm 节点向 5nm 节点的缩放趋势，这里出于归一化的目的，假设了 F 与技术节点的数值相同

技术节点	22nm	14nm	10nm	7nm	5nm
比特单元 /μm^2	0.092	0.059	0.031	0.026	0.021
归一化至 F^2	190	300	310	530	840

注：为了归一化目的，假设 F 与工艺节点相同（这其实是不准确的）。

2.6　基于 FinFET 的 SRAM

2.6.1　FinFET 技术

如前所述，FinFET 是跨越 22nm 节点的关键技术，图 2.30 展示了平面晶体管和非平面 FinFET 的原理图。图中的薄鳍通常是从体硅的表面刻蚀出来。FinFET 有一个或多个传导电流的薄鳍片（电流仍然在靠近栅极氧化物的硅表面上流动），且典型的 FinFET 具有三栅极结构，即栅极覆盖薄鳍两侧和薄鳍的顶部。这种增强的栅极 - 沟道耦合有助于减轻短沟道效应。1998 年，加利福尼亚大学伯克利分校的胡正明教授团队首先通过实验证实了 FinFET 的可行性[10]。

⊖　这里，出于归一化的目的，简单地假设 F 与技术节点（22nm、14nm、10nm、7nm 和 5nm）相同。正如第 1 章 1.4 节所讨论的那样，这是一个不准确的表示，因为这时节点名称只是一个象征，并不对应于某个物理尺寸。

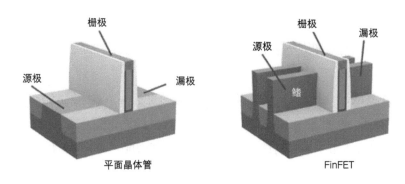

图 2.30　平面晶体管和非平面的 FinFET

经过学术界和工业界 14 年的共同研发努力，英特尔在 2012 年成为第一家宣布实现 22nm 节点产业化的公司，该 FinFET 使用了高 k/金属栅极和后栅（gate-last）制造工艺。图 2.31 展示了英特尔 22nm FinFET 技术的显微图像[11]，分别沿栅极方向（A-A′）和鳍片方向（B-B′）切了两次，截面如图所示。从 A-A′ 横截面可以看出，在 22nm 工艺中，鳍宽约为 8nm，鳍高约为 34nm。由于鳍片有三面与栅极相接触，因此传导电流的有效电学宽度定义为

$$W_{\text{eff}} = 2 \times \text{Fin\_height} + \text{Fin\_width} \qquad (2.6)$$

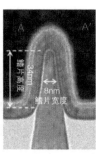
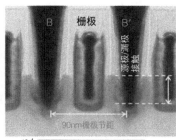
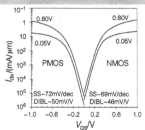

第一代FinFET的主要特点：
❖ 三栅而不是双栅
❖ 体硅而不是SOI衬底
❖ 高k/金属栅与后栅工艺

图 2.31　英特尔 22nm FinFET 技术的显微图像，以及 NMOS 和 PMOS 的 I_{D}-V_{G} 特性

在这种情况下，单个鳍片的 W_{eff} 为 76nm，从 B-B′ 截面可以看出，CGP 沿沟道方向为 90nm，约为 4F。NMOS 和 PMOS 的 I_D-V_G 特性如图 2.31 所示，从图中可以看出，电学特性都比较好，例如约 70mV/dec 的 SS 和约 50mV/V 的 DIBL[⊖] 因子。我们还可以看出，NMOS 和 PMOS 的电流驱动性相似，这表明在 FinFET 时代，平面晶体管中电子相对空穴的迁移率优势减弱了。

对于电路设计者来说，FinFET 技术带来的主要变化是版图上的量化电学宽度，如图 2.32 所示。由于 FinFET 只能提供离散数量的鳍片，因此其电学宽度只能为 $N \times W_{eff}$（N 为整数，即 1，2，3，…），这导致晶体管尺寸选择的灵活性较小。FinFET 的另一个挑战是 V_{th} 调制不太有效，因为不同的掺杂浓度对超薄鳍片（通常是未掺杂的）不再有效，而作为替代，金属功函数工程通常用于 V_{th} 调制。另一方面，由于现在鳍节距不再决定电流的驱动能力，所以 FinFET 也能随之提高集成密度。W_{eff} 在物理上占据一个鳍节距（即英特尔的 22nm 节点中为 60nm）的横向占用面积，而每个鳍的 W_{eff} 为 76nm，因此，以横向占用面积计算，它代表了电流密度以 1.27 倍的因子获得了提升。

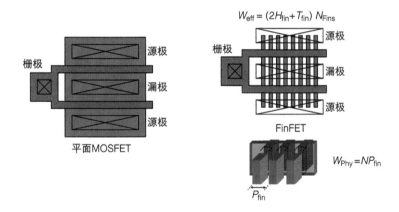

图 2.32　平面晶体管和 FinFET 的版图差异

表 2.2 展示了 FinFET 尺寸参数从 22nm 节点到 7nm 节点的缩放趋势。可以看出，在这个过程中，鳍片的宽度减小、高度增大、节距变小，即逐渐变薄、变高、变密。电流驱动能力的提升系数在 7nm 节点达到了 3.67 倍，正如 1.4 节所述，这允许使用更少的鳍片来提供相同大小的电流，从而进一步提高集成密度。

⊖　DIBL（drain-induced-barrier-lowering）指漏致势垒降低效应，表示漏极电压对阈值电压的影响。在线性区（例如，V_{DS} = 50mV）和饱和区（例如，V_{DS} = V_{DD}）之间，漏极电压的变化会引起 V_{th} 的变化，DIBL 因子便定义为这个变化的比例系数。

表 2.2　从 22nm 节点到 7nm 节点，FinFET 尺寸参数的缩放趋势

	22nm	14nm	10nm	7nm
鳍片高度	34	37	42	52
鳍片宽度	8	8	6	6
鳍片节距	60	48	36	30

2.6.2　FinFET 时代 SRAM 的微缩

FinFET 为 SRAM 在先进技术节点的设计提供了许多优势，例如，优化的 SS 允许在给定 I_{off} 时使用更低的 V_{th}，这可以提供更大的电流（通过 PG 晶体管），以实现更快的读写。DIBL 效应的抑制会使得晶体管的输出电阻更大，进而使蝶形曲线的转变更加陡峭，从而形成更大的 R-SNM。图 2.33 比较了基于平面晶体管和基于 FinFET 的 SRAM 在读取过程中的蝶形曲线。此外，FinFET 中未掺杂的沟道也可以将 RDF 引起的涨落降至最低。

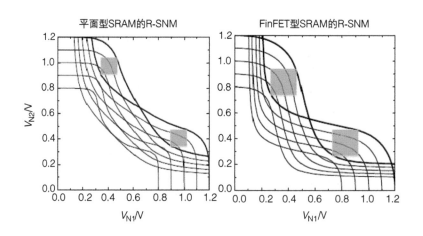

图 2.33　基于平面晶体管和基于 FinFET 的 SRAM 在读取过程中的蝶形曲线

图 2.34 展示了英特尔的 22nm SRAM 家族，通过改变 PD、PG 和 PU 晶体管中鳍的数目，可以获得不同的 SRAM 单元 [12]。高密度 SRAM 采用紧凑的 1（PD）:1（PG）:1（PU）比例，用于低功耗（LP）设计；标准单元采用适中的 2（PD）:1（PG）:1（PU），用于标准性能（SP）设计；高速单元采用较大的 3（PD）:2（PG）:1（PU）比例，用于高性能（HP）设计。因此，正如 Shmoo 图所示，不同的单元可以实现不同特性的 SRAM 阵列，图中的变量为 V_{DD}

和时钟频率。尽管 HP 设计可以在 V_{DD} = 1V 时实现 4.6GHz 的频率，但它具有较高的动态功耗和静态功耗，因此一般需要进一步权衡。

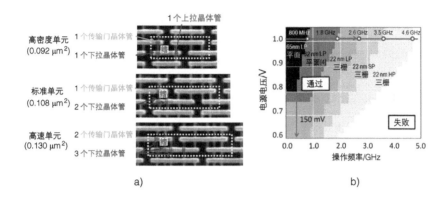

图 2.34　a）英特尔 22nm FinFET 工艺下，不同单元比的 SRAM；
b）不同工艺代和单元比的 SRAM 在性能方面的 Shmoo 图

图 2.35 总结了各大厂商在最先进节点下，高密度 SRAM 单元的关键参数。如前所述，技术节点的值一般由公司自行决定，因此即使在同一节点上，不同制造商的 SRAM 单元大小也有所不同。可以较为合理地说，英特尔的 10nm 工艺在集成密度上接近台积电的 7nm 工艺。展望未来的 SRAM 设计，堆叠纳米片晶体管技术可以通过改变 PD、PG 和 PU 的堆叠层数，来提供更紧凑的版图和设计灵活性。

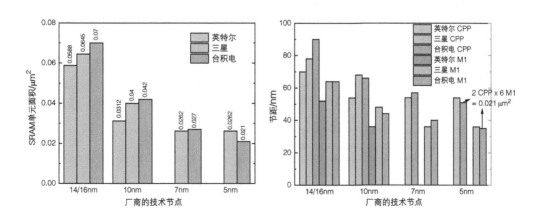

图 2.35　主要厂商在最先进节点下，高密度 SRAM 单元的关键参数

参 考 文 献

[1] J. Wang, S. Nalam, B.H. Calhoun, "Analyzing static and dynamic write margin for nano-meter SRAMs," *IEEE International Symposium on Low Power Electronics and Design (ISLPED)*, 2008, pp. 129–134. doi: 10.1145/1393921.1393954

[2] E. Grossar, M. Stucchi, K. Maex, W. Dehaene, "Read stability and write-ability analysis of SRAM cells for nanometer technologies," *IEEE Journal of Solid-State Circuits*, vol. 41, no. 11, pp. 2577–2588, November 2006. doi: 10.1109/JSSC.2006.883344

[3] W. Dong, P. Li, G. Huang, "SRAM dynamic stability: theory, variability and analy-sis," *IEEE/ACM International Conference on Computer-Aided Design (ICCAD)*, 2008, pp. 378–385. doi: 10.1109/ICCAD.2008.4681601

[4] M. Khellah, Y. Ye, N.S. Kim, D. Somasekhar, G. Pandya, A. Farhang, K. Zhang, C. Webb, V. De, "Wordline & bitline pulsing schemes for improving SRAM cell stability in low-Vcc 65nm CMOS designs," *IEEE Symposium on VLSI Circuits*, 2006, pp. 9–10. doi: 10.1109/VLSIC.2006.1705286

[5] L. Chang, R.K. Montoye, Y. Nakamura, K.A. Batson, R.J. Eickemeyer, R.H. Dennard, W. Haensch, D. Jamsek, "An 8T-SRAM for variability tolerance and low-voltage opera-tion in high-performance caches," *IEEE Journal of Solid-State Circuits*, vol. 43, no. 4, pp. 956–963, April 2008. doi: 10.1109/JSSC.2007.917509

[6] A. Asenov, "Simulation of statistical variability in nano MOSFETs," *IEEE Symposium on VLSI Technology*, 2007, pp. 86–87. doi: 10.1109/VLSIT.2007.4339737

[7] N. Tega, H. Miki, F. Pagette, D.J. Frank, A. Ray, M.J. Rooks, W. Haensch, K. Torii, "Increasing threshold voltage variation due to random telegraph noise in FETs as gate lengths scale to 20 nm," *IEEE Symposium on VLSI Technology*, 2009, pp. 50–51.

[8] S. Bhardwaj, W. Wang, R. Vattikonda, Y. Cao, S. Vrudhula, "Predictive modeling of the NBTI effect for reliable design," *IEEE Custom Integrated Circuits Conference (CICC)*, 2006, pp. 189–192. doi: 10.1109/CICC.2006.320885

[9] K. Osada, K. Yamaguchi, Y. Saitoh, T. Kawahara, "Cosmic-ray multi-error immunity for SRAM, based on analysis of the parasitic bipolar effect," *IEEE Symposium on VLSI Circuits*, 2003, pp. 255–258. doi: 10.1109/VLSIC.2003.1221220

[10] D. Hisamoto, W.-C. Lee, J. Kedzierski, E. Anderson, H. Takeuchi, K. Asano, T.-J. King, J. Bokor, C. Hu, "A folded-channel MOSFET for deep-sub-tenth micron era," *IEEE International Electron Devices Meeting (IEDM)*, 1998, pp. 1032–1034. doi: 10.1109/IEDM.1998.746531

[11] C. Auth, C. Allen, A. Blattner, D. Bergstrom, M. Brazier, M. Bost, M. Buehler, et al., "A 22nm high performance and low-power CMOS technology featuring fully-depleted tri-gate transistors, self-aligned contacts and high density MIM capacitors," *IEEE Symposium on VLSI Technology*, 2012, pp. 131–132. doi: 10.1109/VLSIT.2012.6242496

[12] C.-H. Jan, U. Bhattacharya, R. Brain, S.-J. Choi, G. Curello, G. Gupta, W. Hafez, et al. "A 22nm SoC platform technology featuring 3-D tri-gate and high-k/metal gate, opti-mized for ultra low power, high performance and high density SoC applications," *IEEE International Electron Devices Meeting (IEDM)*, 2012, pp. 3.1.1–3.1.4. doi: 10.1109/IEDM.2012.6478969

第 3 章

动态随机存取存储器（DRAM）

3.1 DRAM 概述

3.1.1 DRAM 子系统层次结构

独立式 DRAM 通常用作计算机系统的主存储器（或称内存）。图 3.1 所示为工作站或服务器中的典型 DRAM 子系统及其层次结构，其中多个 64bit 位宽的通道通过数据总线与处理器通信，每个通道由多个双列直插式内存模块（DIMM）构成。DIMM 是一个集成了多个（例如，8 个）DRAM 芯片的电路板，每个芯片的输入 / 输出（I/O）宽度为 8bit。一个 DRAM 芯片由多个存储区（bank）构成，存储区之间通过多路选择器复用 8bit I/O。一个存储区内有许多子阵列，这里的子阵列也被称为 mat，每个子阵列包括存储单元阵列和外围电路，外围电路包括行 / 列译码器、列 MUX、灵敏放大器等。以一个 4GB DRAM 芯片为例，芯片上一般有 16 个存储区（每个存储区大小为 256MB），一个存储区包含 16 × 16 个子阵列，每个子阵列大小一般为 1024 × 1024B = 1MB。注意在这里一个字节（B）是指 8bit 构成的一个列组，

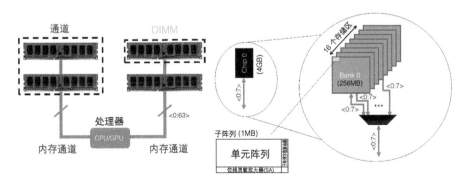

图 3.1 DRAM 子系统层次结构，包括通道、DIMM、芯片、存储区和子阵列

无需进一步的列解码。

3.1.2 DRAM I/O 接口

DRAM 芯片有专门设计的遵循特定协议的输入 / 输出（I/O）接口。采用同步机制的双倍数据速率（DDR）系列是最常用的接口协议，该协议在时钟信号的上升沿和下降沿都传输数据，因此可在 DRAM 内部时钟频率有限的情况下提高数据传输速率。以一个内部时钟周期为 5ns（频率为 200MHz，这个数值是为了保证 DRAM 能够正确读取数据）的 DRAM 为例，DDR 有效地将 I/O 带宽增加了一倍，实现了每个 I/O 引脚 400Mbit/s 的传输速率，因此 64bit 位宽 DIMM 的传输速率可达到 3.2GB/s。目前 DDR 协议已经发展了好几代，其中 DDR2、DDR3、DDR4 和 DDR5 意味着接口时钟频率为 DRAM 内部时钟频率的 2 倍、4 倍、8 倍和 16 倍，从而大幅提升了 I/O 带宽。以 DDR3 为例，如果 DRAM 内部时钟频率为 200MHz，则接口时钟频率为 800MHz，64bit 位宽 DIMM 每个引脚的传输速率为 1600Mbit/s，因此总带宽为 12.8GB/s。

如图 3.2 所示，DDR 协议的本质是在 DRAM 内核和 I/O 接口之间进行串行化和并行化的转换。例如 DDR3 协议在一个内部时钟周期内，从多个列预取 8bit 数据并存储到预取缓冲区，然后它们在 1 个接口时钟周期内以 8 倍的速率从 I/O 的一个引脚中发送出来。

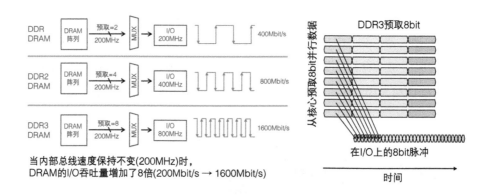

图 3.2　DDR 协议示意图，该协议并行预取多比特数据，
并以更高的 I/O 时钟频率传输数据，以增加 I/O 带宽

DDR 协议有一系列变体，包括 LPDDR 和 GDDR。LPDDR 适用于低功耗移动平台，它针对低漏电流、低电源电压和长刷新间隔进行了优化；GDDR 适用于高性能图形平台，它针

对更高的内部时钟频率和更小的子阵列尺寸进行了优化。图 3.3 所示为不同 DRAM 接口协议（包括 DDR、LPDDR 和 GDDR）的 I/O 带宽变化趋势。

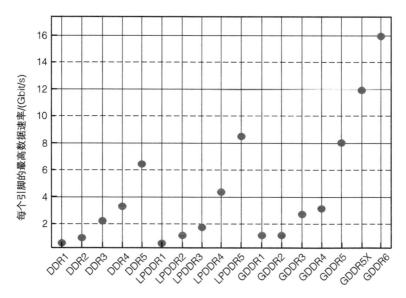

图 3.3　不同 DRAM 接口协议的 I/O 带宽变化趋势，包括 DDR、LPDDR、GDDR

3.2　1T1C DRAM 单元操作

3.2.1　1T1C 单元的工作原理

DRAM 的单元结构为 1T1C（1 个晶体管和 1 个电容）。图 3.4a 所示为当前典型的 1T1C 单元结构及其外围电路的 3D 原理图，其中存在两种晶体管技术，一种是控制存储节点（SN）电容访问的单元选通晶体管，另一种是用于构建译码器和灵敏放大器等外围电路的外围晶体管。图 3.4b 所示为 1T1C 单元的电路原理图，其中单元选通晶体管的栅极由 WL 控制，其晶体管源极/漏极中的一个接触与 BL 相连，另一个接触与 SN 电容的一个电极相连。SN 电容在物理上以高深宽比的形状堆叠在单元选通晶体管的顶部，其另一个电极连接到公共极板（CP）。通常情况下两个相邻比特单元共用一个连接至 BL 的接触通孔。

DRAM 利用存储在 SN 电容上的电荷来存储数据。如果 SN 电容上有足够多的电荷，这时 SN 为高电位（即 V_{DD}），则该单元存储"1"；如果 SN 电容上没有电荷，那么这时 SN 为低电位（即接地），则该单元存储"0"。写入 1 时，将 BL 偏置至 V_{DD}，同时用 V_{PP}（通常

比 V_{DD} 高）打开 WL，则电流通过单元选通晶体管，将 SN 电容充电至 V_{DD}。写入 0 时，将 BL 接地，同时用 V_{PP} 打开 WL，则电流通过选通晶体管，将 SN 电容放电至地。在保持期间，WL 关闭，因此 SN 电容上的充电状态可以维持一段时间，但由于存在泄漏电流通路，充电状态会随着时间的推移而衰减。因此与 SRAM 不同，DRAM 需要定期刷新以保持其存储状态。断电后 DRAM 中的存储状态会丢失，因此与 SRAM 相同，DRAM 也是一种易失性存储器。

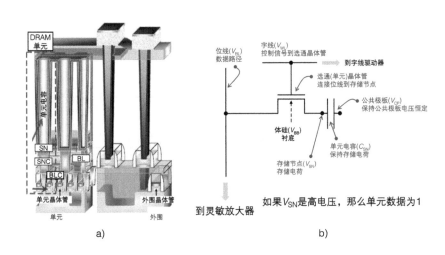

图 3.4 a）典型的 1T1C 单元结构及其外围电路的 3D 原理图；b）1T1C 单元的电路原理图

3.2.2 电荷共享和感应

从 1T1C 单元读取存储状态涉及 SN 电容（C_{SN}）和 BL 电容（C_{BL}）之间的电荷共享过程，如图 3.5 所示。这里假设 SN 存储"1"，其电压为 V_{DD}。首先 BL 预充电至 $V_{DD}/2$，然后 WL 施加 V_{PP} 的电压以打开选通晶体管，此时由于 SN 的电位高于 BL 的电位，电流（或者说是正电荷⊖）将通过单元选通晶体管从 SN 流向 BL，从而导致 SN 电压（V_{SN}）下降，而 BL 电压（V_{BL}）升高。最终电荷共享过程完成后，V_{SN} 等于 V_{BL}，这样 V_{BL} 就从原来的 $V_{DD}/2$ 增加 ΔV，这个 ΔV 即可作为感应容限。同样，如果假定 SN 存储"0"，则 V_{BL} 将从原来的 $V_{DD}/2$ 下降 ΔV。正 ΔV 表示该单元存储了"1"，负 ΔV 表示该单元存储了"0"，这将被灵敏放大器检测到。

感应容限 ΔV 可以利用电荷守恒定律计算得出。在 WL 接通前，由于单元选通晶体管关闭，所以 SN 和 BL 是隔离的。C_{SN} 和 C_{BL} 上的电荷之和为

⊖ 正电荷流实际上意味着负电子反向流动。

$$C_{\text{sum}} = C_{\text{SN}}V_{\text{DD}} + C_{\text{BL}}V_{\text{DD}}/2 \qquad (3.1)$$

在 WL 接通后，当电荷分享过程完成时，SN 和 BL 达到相同的电位 $V'_{\text{BL\_t}}$，其中 BL_t 为连接选中比特单元的 BL 的真实信号线（真线）。此时电路的总电荷为

$$C_{\text{sum}} = (C_{\text{SN}} + C_{\text{BL}})V'_{\text{BL\_t}} \qquad (3.2)$$

由于总电荷保持不变，式（3.1）和式（3.2）中的 C_{sum} 相同，则可以求解 $V'_{\text{BL\_t}}$。ΔV 定义为 $V'_{\text{BL\_t}} - V_{\text{BL\_c}}$，其中 BL_c 是用作提供参考电位的互补 BL，它始终偏置于 $V_{\text{DD}}/2$。由此可得

$$\Delta V = \left(\frac{1}{1 + C_{\text{BL}}/C_{\text{SN}}} \right)\frac{V_{\text{DD}}}{2} \qquad (3.3)$$

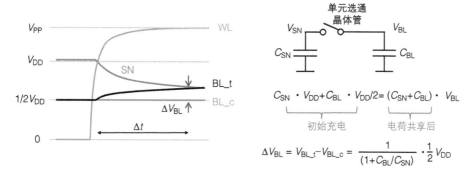

图 3.5　DRAM 单元存储"1"时的电荷共享过程波形图和用于推导感应容限 ΔV 的简化双电容模型

如式（3.3）所示，C_{BL} 与 C_{SN} 之比对于确定 ΔV 非常重要，为了克服工艺涨落和温度噪声造成的影响，就需要更大的感应容限，因此 C_{SN} 就要足够大，而 C_{BL} 要尽量小。

DRAM 的读取时间主要取决于单元选通晶体管完成电荷共享过程时的电流驱动能力，可近似地表示为

$$\Delta t = C_{\text{BL}}\Delta V / I_{\text{access}} \qquad (3.4)$$

典型的 BL 寄生电容 C_{BL} 为 100fF，因此如果要在 $\Delta t = 2\text{ns}$ 内达到 $\Delta V = 200\text{mV}$ 的感应容限，单元选通晶体管的驱动电流 I_{access} 就等于 10μA。注意到在电荷共享过程中，V_{SN} 与原始值相比发生了变化，因此 DRAM 具有破坏性读取特性，因此需要一个回写过程来避免读取

干扰，回写需要灵敏放大器的协助，如图 3.6a 所示。图 3.6a 还示出一个典型的基于锁存器的灵敏放大器用于 DRAM 读取，BL_t（真线）和 BL_c（提供参考电平的互补线）先被预充电至 $V_{DD}/2$，然后当电荷共享产生足够的感应容限时，灵敏放大器被 SAEN 信号激活，此时 BL_t 电压为 $V_{DD}/2 + \Delta V$，而 BL_c 电压保持在 $V_{DD}/2$。如果 ΔV 为正值，锁存器会将 BL 强制拉高至 V_{DD}，而由于单元选通晶体管此时仍然开启，因此 SN 电容会被 BL 回充到 V_{DD}。如果 ΔV 为负，锁存器会将 BL 接地，而由于单元选通晶体管此时仍然开启，因此 SN 电容也会通过 BL 放电直至电位至地。回写过程的波形如图 3.6b 所示。当数据恢复后，WL 关闭，BL 再次被预充电至 $V_{DD}/2$。

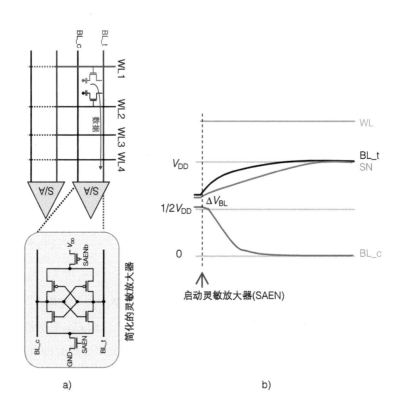

图 3.6   a）在基于锁存器的灵敏放大器协助下的 DRAM 回写过程；b）DRAM 单元中回写过程的波形

图 3.7 所示为 DRAM 列方向上基于锁存器的灵敏放大器外围电路。与 SRAM 外围电路类似，三晶体管均衡器电路被用于预充电，但是与 SRAM 不同的是，DRAM 预充至 $V_{DD}/2$。连接电路帮助将数据输入和输出至子阵列的外部缓冲器。

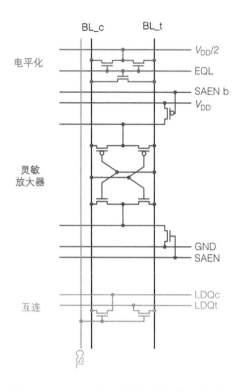

图 3.7　DRAM 列方向上的完整外围电路图

图 3.8 所示为读取 - 修改 - 写入操作的核心时序图，以及 DRAM 数据表中的常用参数，包括 WL 接通期间的行周期时间（t_{RC}）、感应完成前的行到列延时（t_{RCD}）、单元完全写入前的写恢复时间（t_{WR}）以及 BL 预充电至 $V_{DD}/2$ 的行预充电时间（t_{RP}）。控制连接电路的 CSL 脉冲决定了 DRAM 的内部时钟频率，比如 CSL 脉冲本身为 2.5ns，读 CSL 和写 CSL 之间的间隔为 2.5ns，则时钟周期为 5ns，即 200MHz 的 DRAM 内部时钟频率（与前面讨论 DDR 协议是相同）。

3.2.3　DRAM 的漏电流与刷新

DRAM 的一个特点是动态刷新，这是因为 SN 电容中的充电状态会由于漏电流通路的存在而导致其随时间衰减。图 3.9 总结了 1T1C 单元在存储"1"时的主要漏电流机制：①单元选通晶体管漏极和衬底之间的反向 PN 结漏电流（通过少数载流子漂移）；②在较大负栅极 - 漏极电压下漏极和沟道之间发生的带带隧穿导致的 GIDL 电流（与 2.3 节讨论的

SRAM 的一种漏电流机制相似）；③在漏源电压不为零的情况下，由于亚阈值漏电流（多数载流子通过势垒从源极扩散到沟道）而产生的单元选通晶体管关态电流；④通过 SN 电容的薄电介质或有缺陷电介质的直接隧穿电流。所有这些漏电流路径（I_{leak}）都会导致 SN 电容放电，使 V_{SN} 会随着时间的推移而衰减，因此在发生读取错误之前，DRAM 需要定期刷新。假设刷新周期时间为 t_{REF}，读取数据"1"的感应容限 ΔV 会因电荷损耗 $t_{REF}I_{leak}$ 的增大而降低，如式（3.5）所示：

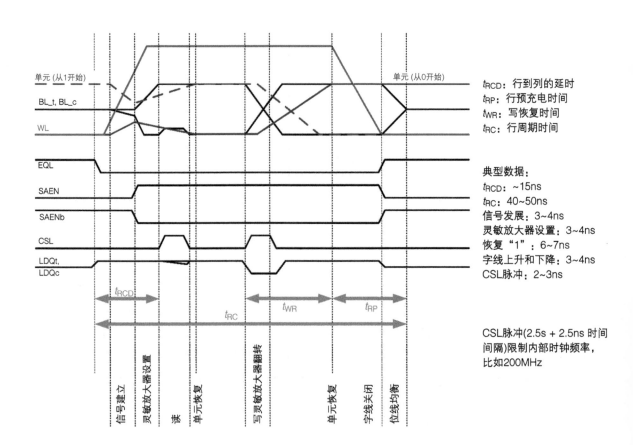

图 3.8　DRAM 时序图和关键时序参数

$$\Delta V = \frac{1}{1 + C_{BL}/C_{SN}}\left(\frac{V_{DD}}{2} - \frac{t_{REF}I_{leak}}{C_{SN}}\right) \tag{3.5}$$

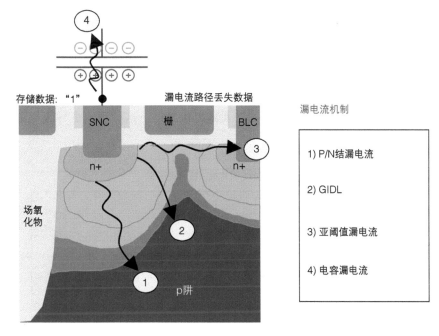

图 3.9　DRAM 单元的主要漏电流机制和等电势线

根据所需的最小值 ΔV，可反算出所需的保持时间为

$$t_{REF} = \frac{C_{SN}}{I_{leak}}\left[\frac{V_{DD}}{2} - \left(1 + \frac{C_{BL}}{C_{SN}}\right)\Delta V\right] \tag{3.6}$$

因为单元间的漏电流存在显著差异，所以刷新周期实际上是由保持时间最短的尾比特决定的，这些尾比特需要通过测量整个 DRAM 阵列的保持时间分布而得到。图 3.10 所示为保持时间分布的一个例子，其中大多数单元（>99.9%）的保持时间都超过 1s，然而对于一个 GB 级芯片，即使只有 10^{-6} 的概率，也会有数百个单元的保持时间不足 100ms，因此广泛采用的 JEDEC 标准要求每 64ms 刷新一次 DRAM 单元[1]。

实际上，DRAM 的保持特性取决于数据分布和操作模式。如图 3.11 所示，为了尽量减小通过单元选通晶体管的关态电流，衬底偏压（V_{BB}）需要采用负偏压。与存储"0"相比，存储"1"的保持时间更差，因为 SN 的 V_{DD} 电压会导致更大的 PN 结反向偏置（相对 V_{BB}），从而产生更大的漏电流。存储"1"的情况可进一步分为静态保持模式和动态保持模式。在静态保持模式下，DRAM 阵列的所有单元选通晶体管都通过 WL 关断，所有 BL 都预充电到 $V_{DD}/2$，此时如果 WL 的偏压为负（V_{BBW}），则单元选通晶体管的关态电流就会被大大抑制，

那么这时主要的漏电流是 GIDL 电流（因为栅漏之间的电压是 $|V_{BBW}|$）以及 PN 结反偏电流（反偏电压为 $|V_{BB}|$）。在动态保持模式下，某一单元读写操作会对其他邻近单元的保持状态造成影响。例如当某个单元被写入"0"，即 $V_{BL} = 0$ 时，在邻近行处于同一 BL 上且存储"1"的单元选通晶体管的关态电流会增大。当某一行被反复读取，WL 在 V_{pp} 和地之间频繁切换时，WL 之间的电容耦合会导致相邻 WL 上的单元漏电流增加。这种现象也称为行锤效应（row hammer effect）[2]。

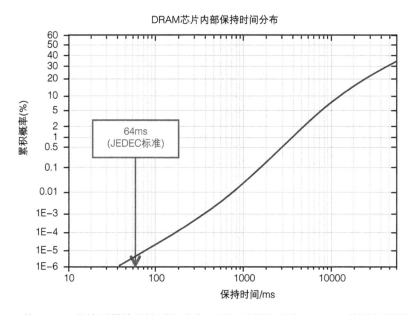

图 3.10   从 DRAM 芯片测得的保持时间分布，显示了尾比特落入 64ms 的刷新周期时间内

DRAM 的刷新实际上是通过读取操作来完成的，而不是写入操作，这是因为读取操作中内置了回写操作，所以存储状态可在读取后恢复，因此周期性刷新要求在刷新周期 t_{REF} 之后读取特定行的 DRAM 单元。图 3.12 所示为 DRAM 刷新调度时序图，这个例子中假定 DRAM 存储区有 16k 行，刷新周期 t_{REF} 为 64ms。通常的方法是在刷新周期内均匀分布刷新事件，即刷新相邻行之间的时间间隔 $t_{INTERVAL} = t_{REF}$/行数 $= 4\mu s$。如果 DRAM 行周期时间（t_{RC}）为 40ns，那么读取一个特定行的时间也是 40ns，则刷新开销为 $t_{RC}/t_{INTERVAL} = 1\%$，即 1% 的运行时间用于了刷新，其余的 99% 的操作时间可以是正常的读取或写入其他行的随机访问，这是由输入地址定义的。但在预定义的时间间隔内，控制器必须按照刷新调度，切换回特定行进行读取操作。在现代 DRAM 系统中，刷新的开销可能超过 20%，这个开销不仅是操作时间，而是还有能耗。

保持时间取决于在没有(静态)/有(动态)邻近单元操作的情况下，
节点的高电平是"1"可以保持多久

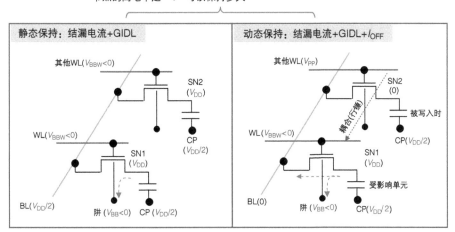

图 3.11 存储"1"的 DRAM 单元的静态和动态保持模式。行锤效应是受影响行和正在被激活的相邻行之间的耦合效应

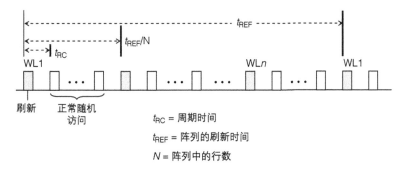

图 3.12 DRAM 刷新调度时序图

3.3 DRAM 工艺

3.3.1 沟槽电容和堆叠电容

DRAM 单元电容有两种主要制造方法：沟槽电容和堆叠电容，如图 3.13 所示。如前所述，保持足够大的 SN 电容对感应容限至关重要。根据 BL 寄生电容的典型值，C_{SN} 需要为 $10 \sim 40\mathrm{fF}$，而基于 SiO_2 电介质的电容密度约为 $1\mathrm{fF}/\mu m^2$，则 SN 电容的等效面积需要为几十 μm^2。由于横向尺寸已经微缩到纳米量级，实现这一等效面积的唯一方法是采用 3D 垂直圆柱状电容。

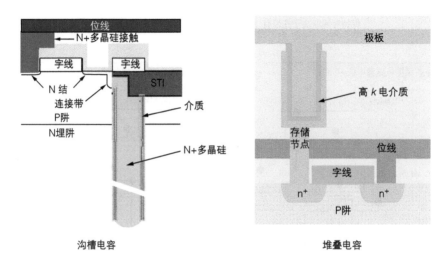

沟槽电容　　　　　　　　　　　堆叠电容

图 3.13　用于 DRAM 单元电容的沟槽电容和堆叠电容

在微缩到 70nm 节点之前，深沟槽电容一直是 DRAM 的主流技术。沟槽电容首先需要在单元选通晶体管一个源极 / 漏极接触下的硅衬底刻蚀出一个深沟槽，然后沉积电介质并覆盖在沟槽的侧壁上，接着填充重掺杂多晶硅作为 SN 的里电极。之后再在衬底表面制造单元选通晶体管，以及常规的前段工艺流程（FEOL）。沟槽电容 DRAM 单元的微缩面临着许多挑战：首先，它无法使用 $6F^2$ 的密集单元设计规则，需要 $8F^2$ 的单元面积；其次，它还存在着沟槽深宽比不断增大、高 k 电介质保形沉积困难和沟槽填充电阻增大等工艺制造问题。

工业界的独立式 DRAM 在 21 世纪第一个十年中期转而采用堆叠电容技术，并在 2020 年前后继续向 1α nm 节点微缩⊖。堆叠电容 DRAM 单元首先制造单元选通晶体管，然后在源极 / 漏极接触通孔的顶部堆叠 SN 电容，以便 WL 和 BL 可以在电容下方走线。这里同样需要采用 3D 垂直圆柱形电容，顶部公共极板由金属线连接。堆叠电容的主要优势是单元面积可以减小到 $6F^2$，并且通过先进刻蚀技术和原子层沉积技术更容易制备出包含高 k 电介质的高深宽比圆柱电容。堆叠电容的缺点是后段工艺流程（BEOL）的金属布线变得困难，导致这种工艺与逻辑工艺的兼容性很差，因此嵌入式 DRAM 目前仍在使用深沟电容（如 IBM 的 eDRAM 工艺）。

3.3.2　DRAM 阵列结构

DRAM 的版图设计规则与其阵列结构和电容技术密切相关。如图 3.14 所示，根据 BL

⊖　在 20nm 节点以下，DRAM 厂商不再显示确切的临界尺寸，而是使用 1x、1y、1z、1α 等符号来表示不同代的技术。1α 节点的 F 约为 14nm。

与灵敏放大器的连接方式不同，有两种常用的 DRAM 阵列结构。第一种称为折叠位线结构，同一阵列上的一对 BL 连接到同一个灵敏放大器，其中真线（BL_t）用于数据感应，互补线（BL_c）用作灵敏放大器的参考线，在感应期间互补线应保持在 V_{DD}/2。因此，BL_c 和 BL_t 不能由同一条 WL 控制，WL 和 BL_c 的交点要留有空位，这使得 DRAM 单元在版图上交错排列，形成 $8F^2$ 的单元面积。第二种称为开放位线结构，相邻阵列上的两个 BL（分别是真线和互补线）连接到一个夹在中间的灵敏放大器，当一个阵列被激活时，另一个阵列处于保持状态，即 BL_c 保持在 V_{DD}/2。由于激活的阵列不会受到 BL_c 的串扰，因此 WL 可以控制阵列中的所有 BL_t，而不会出现空位。相邻两条 BL_t 分别在阵列两端被感应，有助于增加灵敏放大器的版图节距。开放位线结构是目前的主流选择，可将单元面积微缩到 $6F^2$，未来还可能微缩到 $4F^2$。开放位线结构的缺点是对噪声更加敏感，因为在折叠位线结构中，来自同一阵列的共模噪声会被灵敏放大器的差分输入所抑制。

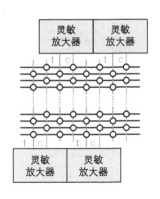
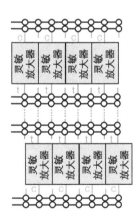

折叠位线结构

+ 共模抑制可以减少线路的绕制(降低对电容耦合的敏感度)，从而为灵敏放大器提供更多的设计空间。
– 最小单元面积为 $8F^2$（F 是最小特征尺寸，即线宽或节距）。

开放位线结构

+ 最小单元面积为 $4F^2$(适配平面接入晶体管的接触面积需 $6F^2$)。
– 更大的噪声敏感性。

图 3.14 DRAM 的折叠位线和开放位线阵列结构示意图

3.3.3 DRAM 版图

如图 3.15 所示，沟槽电容时代的 DRAM 版图设计规则采用折叠位线结构，两个单元共用一个 BL 接触通孔。由于 BL 节距为 $2F$，WL 节距为 $4F$，因此单元面积为 $8F^2$。

堆叠电容版图设计的一个约束是，WL 或 BL 不能与垂直站立的 SN 电容区域相交，因此需要沟道方向相对 BL 或 WL 倾斜摆放的单元晶体管，以留出空间给垂直 3D 堆叠的电容。

图 3.16 所示为目前基于堆叠电容的开放位线结构的主流版图。在图 3.16a 中，BL 节距为 3F，WL 节距为 2F，因此单元面积为 $6F^2$。在图 3.16b 中，BL 节距为 2F，WL 平均节距为 3F（之所以是平均值，这是因为还有作为虚设线的隔离 WL），因此单元面积为 $6F^2$。这些设计的优点是线条平直，因此更容易进行光刻图形化，但缺点是有源区孤立且面积小（有源区仅用于共享相同 BL 接触的两个比特单元）。图 3.16c 是该设计的一个变体，BL 和有源区纠缠在一起，但都是连续的，BL 节距仍为 2F，WL 平均节距为 3F，因此单元面积也为 $6F^2$。

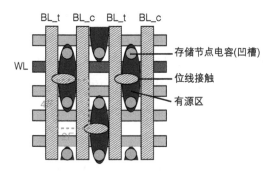

图 3.15　基于沟槽电容的折叠位线结构版图（ $8F^2$ 单元面积）

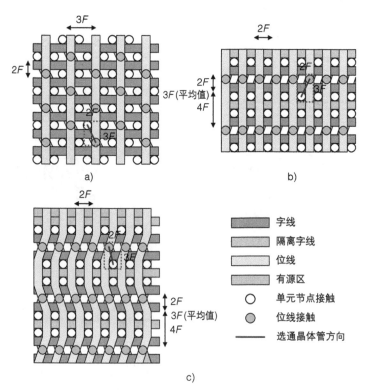

图 3.16　基于堆叠电容的开放位线结构的几种变体的版图（ $6F^2$ 单元面积，沟道及有源区斜置）

3.4　DRAM 微缩趋势

3.4.1　微缩挑战

自 20 世纪 60 年代末发明以来，与摩尔定律所预测的逻辑晶体管微缩类似，DRAM 也呈现出指数级的微缩趋势。图 3.17 所示为 DRAM 最小特征尺寸 F 微缩的变化趋势，其微缩部分归功于光刻技术的发展。自 21 世纪 10 年代中期以来，DRAM 进入亚 20nm 阶段，光刻技术不再是微缩的瓶颈。这时主要的微缩挑战来自于以下几个方面：第一，从感应容限的角度来看，保持足够大的 SN 电容仍然是关键，而当 BL 寄生电容在近几代产品中都没有明显微缩时，C_{SN} 也很难减小，因此从 20 世纪 80 年代末到 21 世纪 10 年代末，C_{SN} 也只从 40fF 左右变化到 10fF 左右。第二，从刷新的角度来看，单元选通晶体管短沟道效应导致的漏电流增加影响了数据保持特性。第三，从速度的角度来看，由于更窄导线的表面散射增强，WL 和 BL 的电阻增大，从而增大了延迟。

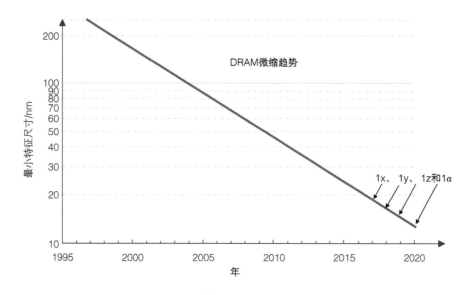

图 3.17　DRAM 最小特征尺寸 F 微缩的发展趋势

为解决以上挑战，在过去几十年中有许多新的技术诞生，如图 3.18 所示。在单元电容方面，人们采用了越来越大的深宽比和越来越小的等效氧化物厚度（EOT），EOT 的减小也归功于高 k 电介质材料的引入。在单元选通晶体管方面，人们采用了新的器件结构来抑制漏电流。然而 DRAM 在向 10nm 以下节点微缩的过程中仍然存在诸多根本性的瓶颈。

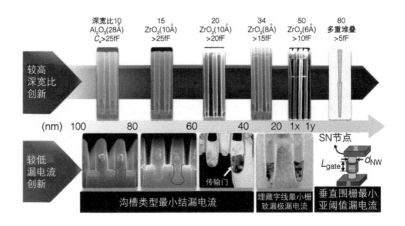

图 3.18 推动 DRAM 持续微缩所引入的单元电容和选通晶体管的技术创新

3.4.2 单元电容

单元电容的结构决定了 SN 节点电容。正如简单的平板电容公式所示:

$$C = \varepsilon_0 \varepsilon_r A / t \tag{3.7}$$

式中,ε_0 是真空介电常数;ε_r 是相对介电常数;A 是电极表面积;t 是电介质厚度。在 3D 垂直圆柱形电容结构中,C_{SN} 的计算公式为

$$C_{SN} = \varepsilon_0 \varepsilon_r \times \pi \times AR \times F^2 / t \tag{3.8}$$

式中,AR 是深宽比(圆柱体高度除以直径);F 是特征尺寸或 DRAM 工艺节点的关键尺寸。以 SiO_2 为参考(SiO_2 的相对介电常数是 3.9),利用 $EOT = \varepsilon_{SiO_2} / \varepsilon_r \times t$ 将电介质的厚度进行归一化,从而得到 EOT 数值。这样,C_{SN} 的计算公式为

$$C_{SN} = \varepsilon_0 \varepsilon_{SiO_2} \times \pi \times AR \times F^2 / EOT \tag{3.9}$$

如图 3.18 所示,AR 已从 10 提高到 80 以上,如此高的 AR 值带来了机械稳定性的问题。为了避免碎裂,20nm 以下的 DRAM 工艺中引入了机械支撑层,以提供面向高电容柱子的多层堆叠能力。

接下来将通过讨论 DRAM 电容介电材料的演变来理解 EOT 的微缩。沟槽电容时代采用硅 / 绝缘体 / 硅(SIS)结构,其中两个电极都采用重掺杂多晶硅,电介质采用氧化硅 / 氮化硅 / 氧化硅(ONO)叠层结构。在沟槽电容时代即将结束的 21 世纪初,人们采用了金属 / 绝缘体 / 金属(MIM)结构。从叠层电容时代开始,人们采用了导电的 TiN 作为金属电极,并

采用了高介电材料如 Al_2O_3，近期又改用了 ZrO_2（或其与 HfO_2 的合金），这些改进的材料的相对介电常数在 20～30 之间。如图 3.18 所示，由于采用了高 k 电介质材料，EOT 从 2.8nm 降至 0.6nm 以下，但实际物理厚度仍保持为 3～5nm，因此通过介电层的直接量子隧穿电流被显著抑制。这里要指出一个好的 SN 电容不仅要提供大电容，还要抑制漏电流，以提升 DRAM 的保持特性。使用 TiO_2 或 $SrTiO_3$ 等更高 k 电介质材料是不可行的，因为电介质的介电常数和带隙之间存在折中关系，介电常数越高，带隙越窄，因此漏电流就呈指数级增长。图 3.19 所示为 DRAM 电容的材料和结构的 EOT 和深宽比的最新变化趋势。

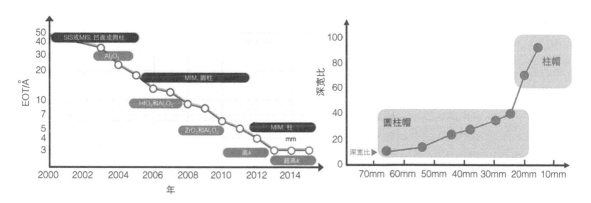

图 3.19　DRAM 电容的材料和结构的 EOT 和深宽比最新变化趋势

如图 3.20 所示，在亚 20nm 的 DRAM 时代，实现进一步微缩的另一项结构创新是将圆柱型电容更换为柱型电容。圆柱型电容的关键尺寸包括两倍厚度的 SN 电极层、两倍厚度的介电层和内电极板直径，而柱型电容的关键尺寸仅包括两倍厚度的介电层和内电极板直径。由于 SN 电极被制作成直立的柱子，因此这种柱型电容结构节省了 SN 电极层所占用的一些空间。

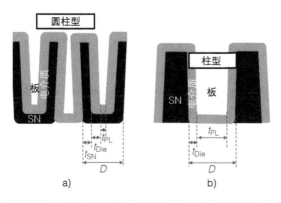

图 3.20　a）圆柱型堆叠电容结构；b）柱型堆叠电容结构

3.4.3　互连线

BL 寄生电容在决定感应容限方面也起着重要作用。图 3.21 所示为 BL 寄生电容的主要组成部分：① WL 与 BL 接触通孔之间的耦合；② SN 电容与 BL 之间的耦合；③相邻 BL 之间的耦合；④ BL 与衬底之间的耦合。前两个部分在寄生电容总量中占主导地位。在互连线之间采用低 k 电介质材料（k 值低于 SiO_2 的 3.9）是降低耦合电容的主要方法，而 k 值最低的材料就是空气（ε_r 接近 1），因此在亚 20nm 的 DRAM 中引入了空气隙隔离技术。

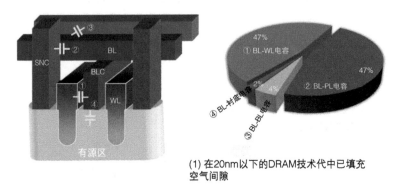

(1) 在20nm以下的DRAM技术代中已填充空气间隙

图 3.21　BL 寄生电容的主要组成部分及比例分布

3.4.4　单元选通晶体管

DRAM 的单元选通晶体管用于控制对 SN 电容的访问，它需要特殊设计来实现超低的漏电流。在 C_{SN} 为 10fF，刷新周期为 64ms 的情况下，SN 电压下降 100mV 的漏电流 I_{leak} = $10fF \times 0.1V/64ms = 15.6fA$，这比低功耗逻辑晶体管的关态电流（10 ~ 100pA）低几个数量级。

图 3.22 比较了逻辑晶体管和 DRAM 单元选通晶体管之间的差异。逻辑晶体管需要高速，因此采用较薄 EOT 的栅极氧化物来获得较大的导通电流。DRAM 单元选通晶体管都是 NMOS，需要在符合 $6F^2$ 紧凑版图设计规则的同时提供超低漏电流。为了使用相对较高的 V_{PP} 进行过驱动，人们采用了较厚 EOT 的栅极氧化物，因此开态电流适中。DRAM 单元选通晶体管最显著的特征是用于抑制关态电流的凹槽形沟道结构，这种结构有效地抑制了短沟道效应，因为其非常直接地通过 U 形结构来增加沟道长度，并同时还缩小了源漏之间的横向距离。

除了单元选通晶体管，用于外围电路的 DRAM 外围晶体管也不同于最先进的逻辑晶体管。DRAM 外围晶体管的目标是低成本，因此采用 65nm 等较老的逻辑工艺，性能并不高。

由于 DRAM 单元选通晶体管制造工艺的差异和对单元电容高深宽比的要求，DRAM 的制造通常是在单独的制造工厂而非逻辑代工厂里完成的。

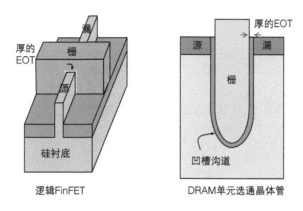

图 3.22 逻辑晶体管与 DRAM 单元选通晶体管的差异

图 3.23 所示为 DRAM 单元选通晶体管微缩过程中的里程碑技术。在 90nm 节点上，人们引入了 U 形凹槽沟道抑制关态电流。在 45nm 节点上，人们引入了与凹槽沟道相结合的 FinFET，称其为马鞍形 FinFET，这种结构对短沟道效应有更好的抑制作用。在 32nm 节点上，为了减小 WL 与 SN 电容之间的耦合，人们引入了埋栅结构，这种结构的栅极是埋在硅表面下面的。

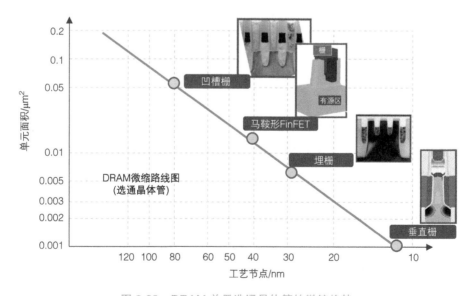

图 3.23 DRAM 单元选通晶体管的微缩趋势

图 3.24 总结了主要 DRAM 厂商在 1z 节点上最新的 LPDDR 产品，其中 F 在 16nm 左右，比特单元面积小于 $0.002\mu m^2$。DRAM 制造中也引入了 EUV 技术，进而将比特密度提高到 $0.27Gbit/mm^2$。预计在 21 世纪 20 年代，EUV 能把 2D DRAM 微缩至 10nm 节点。

器件	美光 D1z	三星 D1z	三星 D1z
存储容量	16Gbit	12Gbit	16Gbit
芯片尺寸	$68.34mm^2$	$43.98mm^2$	$61.20mm^2$
比特密度(芯片)	$0.234Gbit/mm^2$	$0.273Gbit/mm^2$	$0.261Gbit/mm^2$
单元尺寸	$0.00204\mu m^2$	$0.00197\mu m^2$	$0.00197\mu m^2$
设计规则	15.9nm	15.7nm	15.7nm
是否应用EUV光刻	否	是	否

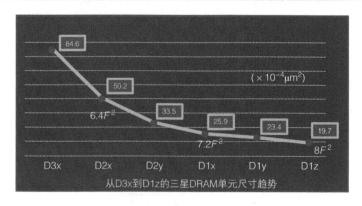

图 3.24　主要 DRAM 厂商在 1z 节点上最新的 LPDDR 产品。图中同时可以看出在最近的节点里，单元尺寸的趋势偏离了 $6F^2$ 规则

如果仔细校准图 3.24 中的数据，就会发现 DRAM 单元已经偏离了亚 20nm 技术代中开放位线结构的 $6F^2$ 单元面积，这是因为低电压下严重的短沟道效应和 WL 之间耦合导致的行锤效应限制了 WL 节距，这促使有源区也必须和 BL 平行排列。虽然这种情况有助于为堆叠电容的接触保持足够的空间，但在最新的节点中，F^2 的数值正在增加，导致单元面积的增大。因此，基于垂直选通晶体管的 $4F^2$ 版图设计规则开始展现出巨大的吸引力，尤其是对于面向亚 10nm 节点的 DRAM 微缩。图 3.25 所示为当前（2020 年左右）正在研发的一种基于垂直选通晶体管的 $4F^2$ 版图设计规则，其中垂直沟道位于 BL 的上方，并由垂直的围栅控制，围栅连至与 BL 垂直的 WL 上。堆叠电容集成在晶体管上方，从而实现了 $4F^2$ 的理论最小单元面积。

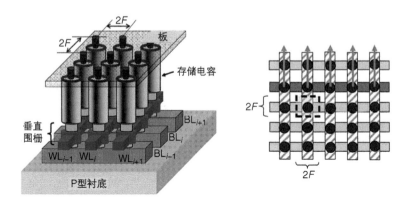

图 3.25　基于围栅（GAA）垂直选通晶体管的 DRAM $4F^2$ 设计规则和版图

3.5　3D 堆叠 DRAM

3.5.1　TSV 技术与异构集成

如前所述，由于需要更大的深宽比（这对光刻和刻蚀技术的要求很高）和更高的介电常数（同时保持较低的漏电流），DRAM 在 2D 微缩方面面临着巨大挑战，因此有必要寻找一种替代方法来提高 DRAM 的系统级性能。其中一种有潜力的方法是将多个 2D DRAM 裸芯片（die）3D 堆叠在一起，从而进一步提高集成密度，同时提高 I/O 带宽。硅通孔（TSV）是实现这种多芯片 3D 集成的核心技术，这种技术在厚度薄至几十 μm 的晶圆或裸芯片上形成金属导电通孔，通孔贯穿硅衬底，从而连接了晶圆正反两面的互连线。图 3.26a 所示为 TSV 的典型制造工艺流程：①在晶圆上刻蚀深沟槽；②沉积覆盖沟槽的隔离电介质；③沉积覆盖沟槽的铜扩散阻挡层和粘附层；④电镀铜以填充沟槽；⑤通过化学机械抛光（CMP）对硅表面进行平坦化处理，以去除残余铜；⑥通过研磨减薄晶圆或裸芯片厚度。图 3.26b 概括了 TSV 的典型参数，一般来说，TSV 的节距范围为 10 ~ 50μm，TSV 的直径范围为 5 ~ 25μm，TSV 的深宽比范围为 5 ~ 20，TSV 的电阻范围为 0.01 ~ 0.1Ω，TSV 的电容范围为 50 ~ 500fF。

近期随着 TSV 技术的发展，2.5D 和 3D 异构集成已经成为 DRAM 先进封装的主流技术。图 3.27a 所示为一个 2.5D 异构集成的例子：die1（如逻辑处理器）和 die2（如 DRAM 芯片）焊接在硅转接板上（通过某种形式的水平互连将 die1 和 die2 连接起来），然后在硅转接板上制备 TSV，使外部 I/O 和电源信号从封装基板走线穿过硅转接板。这种 2.5D 集成可以

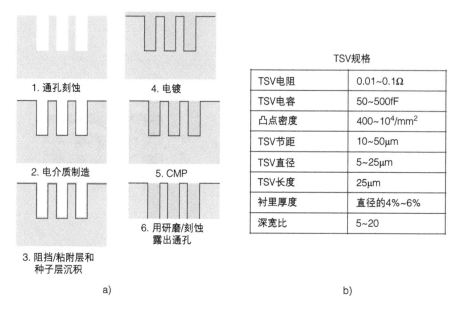

TSV规格	
TSV电阻	0.01~0.1Ω
TSV电容	50~500fF
凸点密度	400~10^4/mm^2
TSV节距	10~50μm
TSV直径	5~25μm
TSV长度	25μm
衬里厚度	直径的4%~6%
深宽比	5~20

1. 通孔刻蚀　　4. 电镀
2. 电介质制造　5. CMP
3. 阻挡/粘附层和种子层沉积　6. 用研磨/刻蚀露出通孔

a)　　　　　　　　　　b)

图 3.26　a）TSV 的制造工艺流程；b）TSV 典型参数

推广到被称为"芯粒（chiplet）"的集成，即将各种功能的裸芯片（如 CPU、GPU、DRAM、闪存、图像传感器、微机电系统、射频收发机等）封装在同一转接板上，用于构建系统级封装（system-in-package）。图 3.27b 所示为一个 3D 异构集成的例子：使用 TSV 和微凸点垂直堆叠多个裸芯片，其中直径约为 30μm 的微凸点是实现这种 3D 异构集成的关键技术，这种技术已被广泛用于在逻辑裸芯片上进行 DRAM 裸芯片的 3D 堆叠。图 3.27c 所示为一个下一代 3D 异构集成技术的实例，这种技术被称为混合键合（hybrid bonding）。混合键合没有凸点，而是将铜焊盘直接键合在一起，因此焊盘节距（或 TSV 节距）可减小到几微米 [3]。近期研究已证明，未来纳米级 TSV 可以实现亚微米节距的混合键合，从而提高裸芯片之间的互连密度，增大数据带宽。

3.5.2　高带宽存储器（HBM）

HBM 是一种使用 TSV 和微凸点的 3D 堆叠 DRAM 系统，给 DRAM 的性能提供了超越传统 2D 微缩的提升方案。图 3.28a 所示为一个高性能计算平台的示意图，该平台使用 2.5D 集成将 3D 堆叠的 HBM 与 GPU 连接起来，多个 DRAM 裸芯片通过 TSV 和微凸点垂直堆叠在作为内存控制器的逻辑裸芯片上，逻辑裸芯片与 GPU 在位于封装基板的硅转接板上水平通信。图 3.28b 展示了 HBM 裸芯片的俯视图，芯片中间是 TSV 阵列。

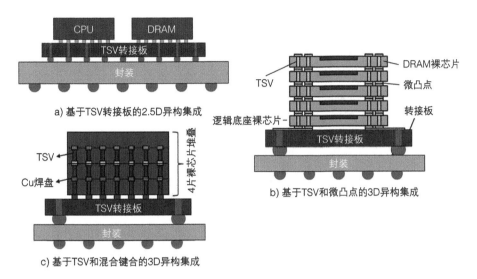

a) 基于TSV转接板的2.5D异构集成

b) 基于TSV和微凸点的3D异构集成

c) 基于TSV和混合键合的3D异构集成

图 3.27 a）2.5D 异构集成；b）采用 TSV 和微凸点的 3D 异构集成；
c）无凸点的混合键合异构集成

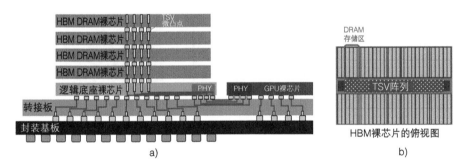

图 3.28 a）使用 2.5D 集成将 3D 堆叠 HBM 和 GPU 连接起来的高性能计算平台示意图；
b）HBM 裸芯片的俯视图

HBM 的优势不仅在于更高的集成密度（在相同的 2D 面积上有多个裸芯片），还在于它可以提供更多 I/O 接口。如前所述，DDR/LPDDR 通常具有 64bit 位宽的 I/O 接口，GDDR通常具有 32bit 位宽的 I/O 接口。现在，HBM 能够提供 1024bit 位宽的 I/O 接口，因此即使以较低的 I/O 时钟频率运行，这意味着每个引脚的接口速率（Gbit/s）较低，HBM 也能在系统级提供明显更高的带宽（GB/s）。表 3.1 总结了 HBM 接口协议标准的演变以及与 LPDDR和 GDDR 的比较。截至 2020 年，HBM 已经经历了三代（HBM、HBM2 和 HBM2E），单个DRAM 裸芯片的容量从 2Gbit 增加到 16Gbit，堆叠 DRAM 裸芯片的数量从 4 个增加到 8 个，总容量从 1GB 增加到 16GB，系统级带宽从 128GB/s 增加到 410GB/s，相比之下，LPDDR5和 GDDR6 的系统级带宽分别为 37.5GB/s 和 56GB/s。

表 3.1　HBM 接口协议标准的演变以及与 LPDDR 和 GDDR 对应部分的比较

参数	DDR5	LPDDR5/4	GDDR6	HBM1	HBM2	HBM2E
每个引脚的接口速度 /（Gbit/s）	4.2	4.2	14	1	2.4	3.2
密度	8Gbit	8Gbit	8Gbit 和 16Gbit	2Gbit	8Gbit	16Gbit
总线宽度	64bit	64bit	32bit	1024bit	1024bit	1024bit
带宽	33.6GB/s	33.6GB/s	56GB/s	128GB/s	307GB/s	410GB/s
应用	用户	手机用户	GPU、汽车	HPC、AI、网络	HPC、AI、网络	HPC、AI、网络

图 3.29 展示 GDDR5 平台与 HBM 平台的系统级性能比较。HBM 平台不仅将外形尺寸（封装面积）减小了 75%，而且将带宽提高至 3.6 倍。这些采用不同接口协议的 DRAM 产品面向不同的应用场景，DDR 系列面向低成本个人计算机，LPDDR 系列面向低功耗移动平台，GDDR 系列面向 GPU 和汽车，HBM 系列则面向包括 GPU 和人工智能加速器网络在内的高性能计算。

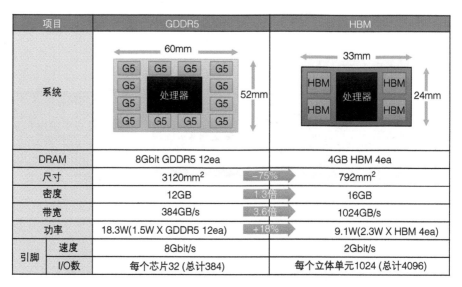

图 3.29　GDDR5 平台与 HBM 平台的系统级性能比较

3.6　嵌入式 DRAM

3.6.1　1T1C 嵌入式 DRAM

嵌入式 DRAM（eDRAM）是 DRAM 的一种变体，它和逻辑处理器集成在同一个芯片上，主要用作超大容量（100MB ～ 1GB）的末级缓存。与使用单独制程的独立式 DRAM 不同，

eDRAM 与逻辑工艺完全兼容。eDRAM 在单元面积（或容量）和访问速度方面介于 SRAM 和独立式 DRAM 之间。如前所述，SRAM 的典型单元面积为 $150F^2 \sim 300F^2$，独立式 DRAM 的典型单元面积为 $6F^2$，而 eDRAM 的典型单元面积为 $30F^2 \sim 90F^2$。SRAM 的访问速度在 1ns 内，独立式 DRAM 的访问速度为几十纳秒（行周期时间），而 eDRAM 的访问速度为几纳秒。eDRAM 的缺点是由于逻辑晶体管的漏电流增加，其保持时间缩短至 100μs。

基于 1T1C 的 eDRAM 主要由两家公司开发。第一家是 IBM（及其代工合作伙伴格罗方德）。IBM 在其用于高性能计算的多代 POWER 系列处理器中使用 eDRAM，其逻辑工艺采用 SOI 技术，eDRAM 采用沟槽电容，逻辑晶体管在 eDRAM 之后制备。图 3.30 展示了 IBM 的 eDRAM 从 65nm 到 14nm 的微缩趋势，可以看到该微缩趋势不断放缓，导致以 F^2 为单位的归一化单元面积在不断增大。2014 年推出的 Power 8 处理器在 22nm 平面 SOI 平台上配备了 96MB 的 eDRAM 作为第三级缓存[4]，2017 年推出的 Power 9 处理器在 14nm FinFET SOI 平台上配备了 120MB 的 eDRAM 作为第三级缓存[5]。

	IBM Power 8™	IBM Power 9™
eDRAM技术	22nm平面 高 k 金属栅 SOI	14nm高性能 FinFET 高 k 金属栅 SOI
eDRAM单元大小	$0.026\mu m^2$	$0.0174\mu m^2$
归一化单元面积	$54F^2$	$89F^2$
SN电容 （估计值）	~12.2fF	~8.1fF
第三级缓存 eDRAM密度	11.9Mbit/mm²	13.28Mbit/mm²

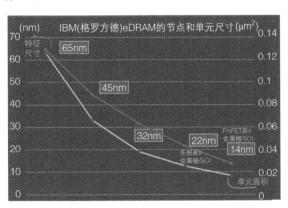

图 3.30　IBM Power 8 和 Power 9 处理器中基于沟槽电容的 eDRAM 参数，以及其从 65nm 到 14nm 的微缩趋势

第二家是英特尔，它于 2014 年在其 22nm FinFET 体硅平台上开发了 eDRAM[6, 7]，如图 3.31 所示，与 IBM 不同的是，英特尔采用了深宽比约为 8 的堆叠电容。虽然研究成果很有前景，但英特尔尚未推出采用 eDRAM 的商业产品。

3.6.2　无电容嵌入式 DRAM

构建 eDRAM 的另一种设计是采用无电容结构，无电容 eDRAM 可以缩小单元面积。一种可行的方案是基于 SOI 技术的单晶体管浮体单元。如图 3.32 所示，当栅极到漏极的电压为负时，GIDL 效应会通过带带隧穿产生电子 - 空穴对，当电子被收集到漏极时，空穴就会进入衬底中。然而 SOI 晶体管没有衬底端，其衬底实际上是浮空的，这就导致空穴积累在浮体中，从而有效降低了源端到沟道的势垒（或者说降低了阈值电压），因而增大了漏极电流。图中还展示了两种状态（空穴积累为 "1"，无空穴积累为 "0"）下的 I_D-V_G 传输特性曲线。读取操作通过测量漏极电流的差异来实现，这是一个非破坏性过程，但是空穴的积累也不是一劳永逸的，因为它可能会与体内的少数电子复合，所以也需要进行刷新。要提高基于浮体 eDRAM 的性能，就需要开展能带工程优化[8]。

技术	22nm FinFET (英特尔)	
单元尺寸	$0.029\mu m^2$	
供电电压	1.05V	
	第一代 eDRAM	第二代 eDRAM
时钟，随机擦写时间	2GHz, 3ns	2GHz, 5ns
保持时间	100μm@ 95℃	300μm@ 95℃

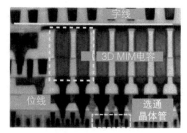

电容在位线上(COB)的架构

图 3.31　英特尔公司在 22nm 节点上开发的 eDRAM，在位线上堆叠电容

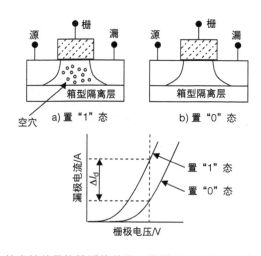

图 3.32　基于 SOI 技术的单晶体管浮体单元工作原理，这是一种无电容的 eDRAM 技术

另一种可行的方案是使用 2T0C 单元。如图 3.33a 所示，一个单元中有两个晶体管：读晶体管和写晶体管。读晶体管的栅极电容作为存储节点，可由写晶体管进行充电或放电。栅极电容上存储的电子可抑制读晶体管的沟道电流，等同于提高了阈值电压。栅极的少量电荷可能会导致沟道电流的显著变化，这是由于跨导放大的结果。然而栅极电容较小，无法长时

间保持电荷（如果采用硅逻辑工艺，通常小于 1ms[9]），因此写晶体管应具有超低漏电流。基于氧化物半导体沟道的薄膜晶体管是写晶体管的理想器件，因为它们具有宽带隙，所以可以提供超低的关态电流密度（<1fA/μm）。最新的 IGZO[10] 和 IWO[11] 等氧化物半导体沟道晶体管可以在逻辑晶体管顶部进行后段工艺的制造，在采用 3D 折叠版图后也不会造成较大的面积损失。图 3.33b 总结了典型的 2T0C 单元性能，其通过使用氧化物半导体沟道作为写晶体管的沟道，显著提升了保持特性。注意到读晶体管的沟道仍然首选硅，因为硅的电子迁移率比氧化物半导体高出 5 ~ 10 倍，从而提高了读取速度。

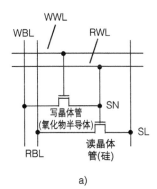

a)

增益单元类型	2T (Si)	2T (IGZO)	2T (IWO)
V_{DD}/V	1.2	1.2	1.0
密度/(Mbit/mm^2)	4	80	180
后段工艺兼容的3D堆叠	否	是	是
单元电容/fF	无	1.2	1
保持特性/ms(@85℃)	0.1	10^7	10^3
访问时间/ns	1.6	30	3
破坏性读取	否	否	否
读/写晶体管的沟道材料	Si/Si	IGZO/IGZO	Si/IWO

b)

图 3.33　a）2T0C 单元示意图。这里采用氧化物半导体材料作为写晶体管的沟道，从而减小了漏电流。b）文献中报道的典型 2T0C 单元性能

　　由于工艺复杂性和制造成本等问题，eDRAM 技术尚未广泛应用于今天的处理器芯片，但人们有很大的兴趣开发下一代 eDRAM，以满足对大容量片上嵌入式存储器日益增长的需求，特别是对于数据密集型人工智能应用的硬件加速器。

参 考 文 献

[1] JEDEC, https://www.jedec.org/

[2] O. Mutlu, J.S. Kim, "RowHammer: a retrospective," *IEEE Transactions on Computer-Aided Design of Integrated Circuits and Systems*, vol. 39, no. 8, pp. 1555–1571, August 2020. doi: 10.1109/TCAD.2019.2915318

[3] E. Beyne, S.-W. Kim, L. Peng, N. Heylen, J.D. Messemaeker, O.O. Okudur, A. Phommahaxay, et al., "Scalable, sub 2μm pitch, Cu/SiCN to Cu/SiCN hybrid wafer-to-wafer bonding technology," *IEEE International Electron Devices Meeting (IEDM)*, 2017, pp. 32.4.1–32.4.4. doi: 10.1109/IEDM.2017.8268486

[4] E.J. Fluhr, J. Friedrich, D. Dreps, V. Zyuban, G. Still, C. Gonzalez, A. Hall, et al., "POWER8™: a 12-core server-class processor in 22nm SOI with 7.6Tb/s off-chip band-width," *IEEE International Solid-State Circuits Conference Digest of Technical Papers (ISSCC)*, 2014, pp. 96–97. doi: 10.1109/ISSCC.2014.6757353

[5] C. Gonzalez, E. Fluhr, D. Dreps, D. Hogenmiller, R. Rao, J. Paredes, M. Floyd, et al., "POWER9™: a processor family optimized for cognitive computing with 25Gb/s accel-erator links and 16Gb/s PCIe Gen4," *IEEE International Solid-State Circuits Conference (ISSCC)*, 2017, pp. 50–51. doi: 10.1109/ISSCC.2017.7870255

[6] F. Hamzaoglu, U. Arslan, N. Bisnik, S. Ghosh, M.B. Lal, N. Lindert, M. Meterelliyoz, et al., "A 1Gb 2GHz embedded DRAM in 22nm tri-gate CMOS technology," *IEEE International Solid-State Circuits Conference (ISSCC)*, 2014, pp. 230–231. doi: 10.1109/ISSCC.2014.6757412

[7] M. Meterelliyoz, F.H. Alamoody, U. Arslan, F. Hamzaoglu, L. Hood, M. Lal, J.L. Miller, et al., "2nd generation embedded DRAM with 4X lower self refresh power in 22nm tri-gate CMOS technology," *IEEE Symposium on VLSI Circuits*, 2014, pp. 1–2. doi: 10.1109/VLSIC.2014.6858415

[8] C. Navarro, S. Karg, C. Marquez, S. Navarro, C. Convertino, C. Zota, L. Czornomaz, F. Gamiz. "Capacitor-less dynamic random access memory based on a III–V transistor with a gate length of 14 nm," *Nature Electronics*, vol. 2, no. 9, pp. 412–419, 2019. doi: 10.1038/s41928-019-0282-6

[9] K.C. Chun, P. Jain, T. Kim, C.H. Kim, "A 1.1V, 667MHz random cycle, asymmetric 2T gain cell embedded DRAM with a 99.9 percentile retention time of 110μsec," *IEEE Symposium on VLSI Circuits*, 2010, pp. 191–192. doi: 10.1109/VLSIC.2010.5560303

[10] M. Oota, Y. Ando, K. Tsuda, T. Koshida, S. Oshita, A. Suzuki, K. Fukushima, et al., "3D-stacked CAAC-In-Ga-Zn oxide FETs with gate length of 72nm," *IEEE International Electron Devices Meeting (IEDM)*, 2019, pp. 3.2.1–3.2.4. doi: 10.1109/IEDM19573.2019.8993506

[11] H. Ye, J. Gomez, W. Chakraborty, S. Spetalnick, S. Dutta, K. Ni, A. Raychowdhury, S. Datta, "Double-gate W-doped amorphous indium oxide transistors for monolithic 3D capacitorless gain cell eDRAM," *IEEE International Electron Devices Meeting (IEDM)*, 2020, pp. 28.3.1–28.3.4. doi: 10.1109/IEDM13553.2020.9371981

第 4 章

闪存（Flash）

4.1 Flash 概述

4.1.1 Flash 的历史

最简单的半导体存储器是只读存储器（ROM），即用互连线实现的存储器，比如一个用光刻掩模版定义的互连线矩阵，用输入和输出之间的短接表示"1"，断开表示"0"，其存储的数据在出厂后无法再被改变。可编程 ROM（PROM）允许用户写入一次数据，因此也被称为一次性可编程（OTP）存储器，比如一种基于反熔丝的 OTP 存储器将电介质或者非晶硅薄膜放在两个金属电极中间，在初始状态下是绝缘体，表示"0"。在施加一个高压脉冲后，薄膜被击穿，成为永久性的导体，表示"1"，并且这一过程是不可逆的。如今 OTP 存储器仍然被用于存储计算机开机程序、密钥以及模拟电路、传感器、显示器的固件参数。

可擦除 PROM（EPROM）采用浮栅晶体管，允许数据被多次擦写。1967 年，贝尔实验室的 Dawon Kahng 和 Simon Min Sze（施敏）提出了浮栅晶体管的概念，基于这一概念，英特尔的 Dov Frohman 在 1971 年发明了商用的 EPROM。EPROM 的编程通过将沟道热电子（CHE）束缚在浮栅中实现，表示"0"，而擦除通过用紫外线照射使电子离开浮栅实现，表示"1"。20 世纪 70 年代末期，人们发明了一种改进版本的 EPROM，使其可以电擦除和编程，称其为 EEPROM（也称为 E2PROM）。它的擦除操作是在浮栅晶体管的源端施加一个高电压，使电子通过 Fowler-Nordheim（F-N）隧穿离开浮栅。EEPROM 的工作原理和当今的 Flash（尤其是 NOR Flash）非常类似。如图 4.1 所示，EEPROM 通常采用双晶体管单元结构，其中浮栅晶体管级联一个正常的选通晶体管，可以实现对任意单元的擦除。

现代的 Flash 存储器出现于 20 世纪 80 年代，来自东芝的 Fujio Masuoka 提出了一个 EEPROM 的变种，通过给一组存储器同时施加电压，一次性擦除一整个区域的存储器，这也是"Flash"名字的由来，即存储器的擦除操作像照相机的闪光灯（Flash）一样快。Masuoka 和东芝的同事在 1984 年的国际电子器件大会（IEDM）上提出了 NOR Flash 存储器[1]，又在

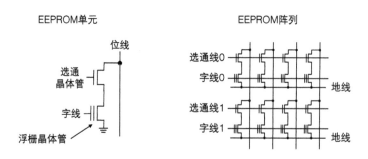

图 4.1　EEPROM 的单元和阵列示意图。比特单元由选通晶体管和浮栅晶体管组成

1987 年的 IEDM 上提出了 NAND Flash 存储器 [2]。

相比于 EEPROM 单元，Flash 存储单元只有一个浮栅晶体管，从而实现了高密度存储和快速擦除，通常一次性可以擦除 512B 甚至更多的数据。事实上 EEPROM 和 Flash 存储器之间并没有明确的界限，但 EEPROM 通常指双晶体管单元结构，该结构拥有对任意比特单元进行擦除的能力。如今 EEPROM 仍然用于在微控制器中的小容量数据存储，如几十到几百 kB 的数据，并拥有超过 10^6 次的擦写寿命。

4.1.2　Flash 的应用场景

如图 4.2 所示，自 20 世纪 80 年代发明以来，Flash 存储器（尤其是 NAND Flash）已经成为 SD 卡、USB 存储盘、固态硬盘（SSD）等数字存储产品的技术基石。

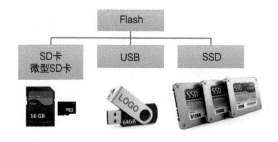

图 4.2　采用 Flash 存储器技术的数据存储产品

SD 是数字安全（Secure Digital）的缩写。SD 卡通常用于手机、平板电脑、数码相机等移动设备中，其标准在 1999 年由闪迪、松下和东芝共同提出，包含 SD 和微型 SD（microSD）等多种不同型号，其存储容量也有多个标准，比如最大容量分别为 2GB、32GB、2TB 和 128TB 的 SD、SDHC、SDXC 和 SDUC 等。最近的 SD Express 接口协议使 SD 卡具备 1～4GB/s 的传输速率。

USB 存储盘是一种集成了通用串行总线（USB）接口的 Flash 存储器。USB 接口协议从 1.0 发展到 2.0、3.0 和 4.0，其传输速率也从 1.5MB/s 提升到 60MB/s、625MB/s 和 5GB/s。截至 2020 年，典型的 USB 存储容量在 32GB ~ 2TB 之间，并主要用于数字信息存储和设备间数据传输。

SSD 是一种大规模数据存储技术，旨在取代硬盘（HDD）。截至 2020 年，消费类电子中的 SSD 存储容量在 128GB ~ 4TB 之间，企业类电子中的 SSD 存储容量则能达到 100TB。在消费端，SSD 已经成为个人计算机和平板电脑的主流存储；在企业端，SSD 逐渐成为数据中心发展的主要推动力。NVMe（非易失性存储快速接口）是一种专为 SSD 发明的接口协议，可以和外设组件互连快速接口（PCIe）配合实现 SSD 的数据传输，相比于串行 AT 附件接口（SATA）等适用于 HDD 的接口协议有了一定的性能提升，比如 SATA Ⅲ 协议对 SSD 和 7200r/min 的 HDD 分别有 600MB/s 和 100MB/s 的传输速率，而 NVMe 则能实现超过 3500MB/s 的传输速率。不过为了兼容 HDD，有些个人计算机仍然在使用 SATA 协议。

4.2　Flash 的器件原理

4.2.1　浮栅晶体管的工作原理

浮栅晶体管被广泛用于 NOR Flash 存储器和 2D NAND Flash 存储器。图 4.3a 所示为浮栅晶体管的结构原理图，其通常采用 P 型衬底，与 NMOS 类似，但不同于普通的平面 MOSFET，浮栅晶体管有一个浮栅嵌入在控制栅和沟道之间，浮栅与外部的端口之间没有直接的连接，因此事实上是"漂浮的"。在浮栅和沟道之间是隧穿氧化层，如 9nm 厚的 SiO_2 层。浮栅和控制栅通常由掺杂多晶硅构成，在浮栅和控制栅之间是电介质（多晶硅间电介质），如由 15nm 厚的 $SiO_2/Si_3N_4/SiO_2$ 构成的 ONO 层。由于加在控制栅上的电压很大，能达到 20V，因此隧穿氧化层和多晶硅间电介质比常规逻辑晶体管的栅氧化层厚。

图 4.3b 所示为浮栅晶体管的工作原理、I_D-V_G 转移特性曲线和电路符号，其中 V_G 是施加在控制栅上的电压。编程操作将电子注入到浮栅中，带负电的电子部分屏蔽了控制栅的正电压，抑制了在沟道感应出负电荷，使沟道更难被打开，阈值电压增大到 V_{T_H}；擦除操作将电子从浮栅中移除，从而使阈值电压减小到 V_{T_L} [⊖]。读取操作在控制栅施加一个介于 V_{T_H} 和 V_{T_L} 之间的电压 V_R，如果浮栅晶体管处于擦除状态，则会读出一个较大的漏端电流，即存储了

　⊖　对于 NAND 来说，V_{T_L} 可以是负值。

"1"；反之如果浮栅晶体管处于编程状态，则会读出一个较小的漏端电流，即存储了"0"。数据实质上是由浮栅中的电荷来存储（一般是电子），当电子被注入浮栅后，即使断电，数据也能保持很长的一段时间，因此浮栅晶体管是一种非易失性存储器。

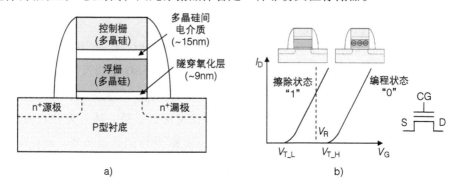

图 4.3　a）浮栅晶体管结构示意图；b）浮栅晶体管工作原理

4.2.2　浮栅晶体管的电容模型

图 4.4 所示为浮栅晶体管的一阶电容模型，用于描述阈值电压存储窗口与浮栅电压（V_{FG}）对控制栅电压（V_{CG}）和漏端电压（V_D）的依赖关系。其中，C_g 是隧穿氧化层电容，C_s 是由边缘电场引起的浮栅和源端之间的耦合电容，C_d 是由边缘电场引起的浮栅和漏端之间的耦合电容，C_k 是多晶硅间电介质电容。

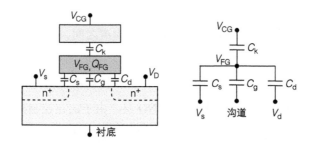

图 4.4　浮栅晶体管静电效应的简单电容模型

假设 $V_S = V_D = V_B = 0$，控制栅电压为 V_{CG}，浮栅电压为 V_{FG}，浮栅电荷为 Q_{FG}，编程后存储的电荷（Q_{FG}）是由所有与浮栅连接的电容乘以电容之间的电压计算得到，即

$$
\begin{aligned}
Q_{FG} &= (V_{FG} - V_{CG})C_k + V_{FG}C_s + V_{FG}C_g + V_{FG}C_d \\
&= V_{FG}(C_k + C_s + C_g + C_d) - V_{CG}C_k \\
&= V_{FG}C_t - V_{CG}C_k
\end{aligned}
\tag{4.1}
$$

式中，总电容 $C_t = C_k + C_s + C_g + C_d$，则 V_{FG} 可以被表示为

$$V_{FG} = C_k V_{CG}/C_t + Q_{FG}/C_t \qquad (4.2)$$

由于 V_{FG} 决定了沟道表面势，因此为了保持漏端电流不变，V_{FG} 要保持不变。定义存储窗口为 Q_{FG} 变化导致的阈值电压差 ΔV_T。当浮栅中没有电子时，$Q_{FG} = 0$，此时为了保持 V_{FG}不变，控制栅电压变为 V'_{CG}，式（4.2）变为

$$V_{FG} = C_k V'_{CG}/C_t \qquad (4.3)$$

令式（4.2）等于式（4.3），可以解得

$$\Delta V_T = V_{CG} - V'_{CG} = Q_{FG}/C_k \qquad (4.4)$$

通过式（4.3）可以定义控制栅和浮栅的耦合系数为

$$\alpha_{CG} = C_k/C_t \qquad (4.5)$$

α_{CG} 决定了控制栅上的外加电压能在多大程度上调控内部的浮栅电压。图 4.5 所示为利用 I_D-V_G 转移特性曲线提取得到 α_{CG} 的实验步骤。首先制备一个和浮栅晶体管有着相同尺寸但是没有浮栅的冗余 MOSFET 单元，然后将浮栅晶体管完全擦除使 $Q_{FG} = 0$ 并施加较小的漏端电压（如 $V_D = 0.1V$）。忽略这一很小的漏端电压，可以根据式（4.3）得到电压相对变化之间的关系为

$$\Delta V_{FG} = \alpha_{CG}\Delta V_{CG} \qquad (4.6)$$

另一方面，对于没有浮栅的冗余单元有下式

$$\Delta V_{FG} = \Delta V_{G(dummy)} \qquad (4.7)$$

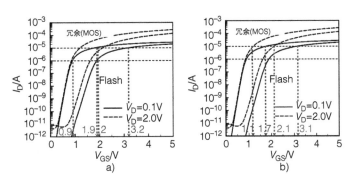

图 4.5　Flash 晶体管和没有浮栅的冗余 MOSFET 的 I_D-V_G 曲线。
从曲线的信息中可以提取得到：a）α_{CG}；b）α_D

由此可以先根据图 4.5a 的 I_D-V_G 转移特性曲线测出不同电流下（如 10^{-5}A 和 10^{-6}A）的 ΔV_{CG} 和 ΔV_G，然后计算出控制栅和浮栅的耦合系数为

$$\alpha_{CG} = \frac{\Delta V_{G(dummy)}}{\Delta V_{CG}} = \frac{V_G(I_D = 10^{-5}) - V_G(I_D = 10^{-6})_{dummy}}{V_G(I_D = 10^{-5}) - V_G(I_D = 10^{-6})_{Flash}} = \frac{1.9 - 0.9}{3.2 - 2} = 0.83 \quad (4.8)$$

接着施加一个很大的漏端电压（如 $V_D = 2V$）用来计算漏端和浮栅的耦合系数 α_D，此时浮栅电压与漏端电压之间满足下式

$$\Delta V_{FG} = \alpha_{CG}\Delta V_{CG} + \alpha_D\Delta V_D \quad (4.9)$$

根据前面式（4.8）已得出的 α_{CG}，则可以根据图 4.5b 测出某个电流下（如 $10^{-5}A$）且不同 V_D 下（如 $0.1V$ 和 $2V$）的 ΔV_{CG} 和 ΔV_G，然后计算出漏端和浮栅的耦合系数为

$$
\begin{aligned}
\alpha_D &= \frac{\Delta V_{FG} - \alpha_{CG}\Delta V_{CG}}{\Delta V_D} = \frac{\Delta V_{G(dummy)} - \alpha_{CG}\Delta V_{CG}}{\Delta V_D} \\
&= \frac{[V_G(V_D = 2V) - V_G(V_D = 0.1V)]_{dummy} - \alpha_{CG}[V_{CG}(V_D = 2V) - V_{CG}(V_D = 0.1V)]}{(V_D = 2V) - (V_D = 0.1V)} \\
&= \frac{(1.1 - 1.7) - (2.1 - 3.1)}{2 - 1} = 0.12
\end{aligned}
\quad (4.10)
$$

理想情况下，我们更倾向于选择大的 α_{CG}（$\alpha_{CG} = 1$）以及小的 α_D（$\alpha_D = 0$），因为这样浮栅电压可以完全受控制栅的调控而不受漏端电压的影响。

4.2.3　浮栅晶体管的擦写机制

浮栅晶体管的擦写通过浮栅中电子的注入和移除实现，图 4.6 总结了常用的机制，图 4.6a 所示为基于沟道热电子（CHE）的编程机制，该方法在控制栅施加一个大电压（如 12V），同时在漏端施加一个较大的电压（如 6V），这样沟道中的一部分电子可以获得足够大的动能越过隧穿氧化层势垒进入浮栅。图 4.6b 所示为基于源端 F-N 隧穿的擦除机制[⊖]，该方法在源端施加一个大电压（如 15V），同时令控制栅接地，则浮栅中靠近源端的电子可以通过浮栅和源端的重叠区域隧穿到源端。图 4.6c 所示为基于沟道 F-N 隧穿的编程机制，该方法在控制栅施加一个非常大的电压（如 20V），同时令源端、漏端和衬底接地，这时整个沟道区域的电子都可以从衬底通过隧穿氧化层隧穿到浮栅。图 4.6d 所示为基于沟道 F-N 隧穿的擦除机制，该方法在衬底施加一个非常大的电压（如 20V），同时令源端、漏端和栅极接地，这时浮栅的电子可以隧穿到整个沟道区域。

⊖　对于 NMOS 晶体管来说，实际上采用了在漏端施加高电压的漏端 F-N 隧穿机制，但是按惯例这仍被称为源端 F-N 隧穿。

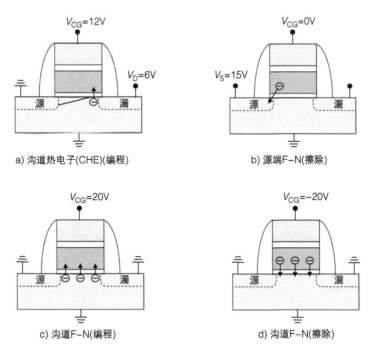

a) 沟道热电子(CHE)(编程)

b) 源端F-N(擦除)

c) 沟道F-N(编程)

d) 沟道F-N(擦除)

图 4.6　浮栅晶体管常用擦写机制

接下来详细讨论 F-N 隧穿。隧穿是一种量子力学现象，描述了电子有一定概率穿过薄 SiO_2 等介质的势垒的现象，特别是对于亚 10nm 厚的势垒。如图 4.7 所示，对于 Si/SiO_2/Si 叠层，根据势垒是梯形还是三角形，隧穿分为直接隧穿和 F-N 隧穿。直接隧穿通常发生在超薄势垒中，如亚 2nm 介质。以沟道 F-N 隧穿编程为例，典型的隧穿氧化层厚度为 8 ~ 10nm，浮栅电压为 16 ~ 20V，这导致形成了三角形势垒。隧穿氧化层设计得较厚，这是为了防止发生直接隧穿，从而维持足够的保持时间。

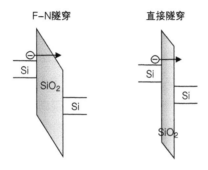

图 4.7　Si/SiO_2/Si 发生 F-N 隧穿（三角形势垒）和直接隧穿（梯形势垒）的能带图

F-N 隧穿遵循下式

$$J_{FN} = \alpha E_{ox}^2 \exp\left(-\frac{\beta}{E_{ox}}\right), \quad \alpha = \frac{q^3 m_0}{16\pi^2 \hbar \Phi_B m^*}, \quad \beta = \frac{4\sqrt{2m^* \Phi_B^{3/2}}}{3\hbar q} \qquad (4.11)$$

式中，J_{FN} 为电流密度；E_{ox} 为氧化层电场；Φ_B 为注入表面势垒高度，$\hbar$ 为约化普朗克常数；m_0 为真空电子质量；m^* 为电子有效质量；q 为电子电荷。注意到对于 Si/SiO₂/Si 叠层，电子的 $\Phi_B = 3.1\text{eV}$，空穴的 $\Phi_B = 3.8\text{eV}$，因此对于浮栅晶体管来说，电子更容易发生隧穿，所以采用电子而非空穴作为存储电荷。对于擦写操作来说，F-N 隧穿电流非常小，通常在 pA 量级，因此速度也非常慢，为 100μs～1ms。但是编程效率非常高，接近 100%，这是因为所有发生 F-N 隧穿的电子都参与了擦写操作。图 4.8a 所示为实验中穿过栅叠层的电流密度和电场强度之间的 $\log(J)-E$ 关系曲线，图 4.8b 所示为 $\log(J/E^2)-1/E$ 关系曲线，从图中直线提取到的斜率即为 $-\beta$。

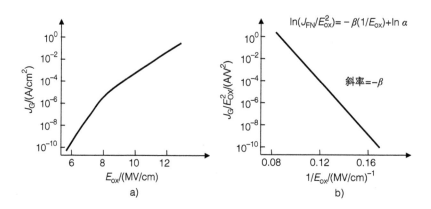

图 4.8　穿过栅叠层的电流密度（J）和电场强度（E）的关系图，其中 $\log(J/E^2)$ 和 $1/E$ 成线性关系说明 F-N 隧穿占主导地位

接下来详细讨论 CHE 效应。当浮栅晶体管的控制栅被完全打开（如 $V_{CG} = 12\text{V}$）并工作在饱和区（如 $V_D = 6\text{V}$）时，电子在从源端到漏端的过程中被沟道的横向电场加速，发生碰撞电离。图 4.9 所示为沿着沟道 A-A′ 方向和垂直沟道 B-B′ 方向的能带图。在 A-A′ 图中，能带被大的漏端电压所弯曲，使得接近漏端的电子具有很高的动能（在能带图中体现为粒子距离导带底的距离很大），该动能和温度有关，因此这些电子被称为热电子。在 B-B′ 图中，一些具有高动能的电子可能会越过隧穿氧化层势垒，注入到浮栅中，由于热发射越过势垒的概率非常低，因此这些注入进浮栅的电子也被称为"幸运电子"。

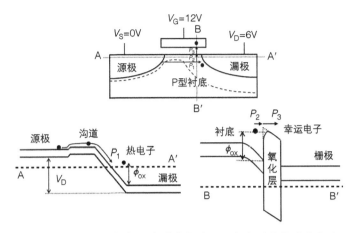

图 4.9 沟道热电子效应示意图，包括沿沟道方向（A-A′）和垂直沟道方向（B-B′）的能带图

图 4.10 所示为在不同漏端电压下浮栅晶体管的 I_D-V_G 曲线和 I_G-V_G 曲线。当 V_G = 6V 时，I_G 可以忽略不计，但是当 V_D 增大到 6V 时，沟道热电子效应使 I_G 接近 50pA，同时漏端电流为 5mA，因此成为幸运电子的概率为 I_G 与 I_D 的比值，在这里即为 50pA/5mA = 10^{-8}。通常来说，沟道热电子编程效率非常低，只有 $10^{-8} \sim 10^{-6}$，这是因为尽管漏端电流很大（功耗也很大），但注入浮栅的电子比例很低。

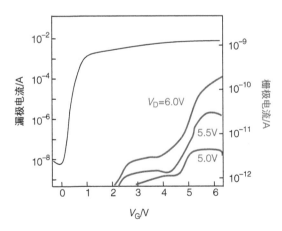

图 4.10 浮栅晶体管在不同 V_D 下的 I_D-V_G 曲线和 I_G-V_G 曲线。
在漏端大电压下，沟道热电子效应导致了栅极漏电流

4.2.4 嵌入式 Flash 的源端注入

沟道热电子效应通常用作 EEPROM 和 NOR Flash 等嵌入式 Flash（eFlash）存储器的编程机制。eFlash 和逻辑工艺兼容，并广泛用于在汽车电子等产品的微控制器（MCU）中存储

代码。eFlash 的主流节点为 40nm 及以上，并逐渐向 28nm 节点过渡，然而超高电压晶体管不像逻辑晶体管一样容易微缩，同时 28nm 及以下节点的 eFlash 制造成本也过于昂贵（主要用于增加光刻掩模版）。

如前所述，沟道热电子编程效率非常低，我们希望同时提高热电子产生率和注入浮栅的比例，但这两者是矛盾的。低栅极电压和高漏端电压可以增大横向电场以促进碰撞电离，从而提高热电子产生率，而高栅极电压和低漏端电压可以增大垂直方向电场，从而提高热电子越过隧穿氧化层进入浮栅的比例。

一种提高编程效率的方法是使用源端注入（SSI）方法[⊖]，并配合一个半晶体管（1.5T）的分栅结构，如图 4.11a 所示，控制栅越过浮栅并占据了沟道上方一半的空间，因此被称为 1.5T 分栅 eFlash。在控制栅施加一个低电压（如 2V），在漏端施加一个高电压（如 10V），然后利用漏端和浮栅的耦合电容提高浮栅电压，这里需要通过增大重叠面积将漏端和浮栅的耦合系数 α_D 提高到接近 1。这时，电子在控制栅的下方被水平加速，在浮栅的边缘产生大量热电子，接着这些热电子被垂直方向的大电场注入浮栅。图 4.11b 所示为基于 SSI 的 1.5T 分栅晶体管和常规 1T 浮栅晶体管的栅电流对比，采用 SSI 方法后，1.5T 分栅晶体管的编程效率提高到 10^{-3}，显著降低了编程功耗。对 1.5T 分栅 eFlash 来说，由于浮栅被控制栅越过的边角处的电场被增强，擦除操作可以通过浮栅到控制栅的 F-N 隧穿实现，比如令 $V_{CG} = 15V$。

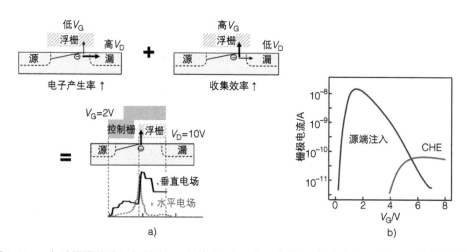

图 4.11   a）采用源端注入机制（SSI）的 1.5T 分栅晶体管；b）采用 SSI 的 1.5T 分栅晶体管和采用 CHE 的 1T 浮栅晶体管的栅电流比较示意图

⊖   注入发生在浮栅晶体管的低电势一侧（即源端），因此被称为源端注入。

4.3 Flash 的阵列结构

4.3.1 NOR 阵列

NOR 是一种常用的 Flash 阵列结构。一个 NOR Flash 芯片分成许多存储区（Bank）；一个 64MB 的存储区可以分成多个块（Block），例如 1024 个，每个块有 64kB；一个块又可以分成 16 个扇区（sector），每个扇区有 4kB。图 4.12 所示为 NOR Flash 的一个扇区，其中字线（WL）在水平方向连接浮栅晶体管控制栅，位线（BL）在竖直方向连接浮栅晶体管的漏端，而所有浮栅晶体管的源端全部连接到一起。通常一根字线对应的存储空间被称为一个页，在这个例子中共有 128 个页，如果每个浮栅晶体管存储 1bit 数据的话，每个页有 32B 数据，即 256 个位线。一个扇区里的浮栅晶体管彼此之间是并联的，类似于 CMOS 逻辑中 NOR 门的下拉网络，因此这样的阵列被称作 NOR Flash。NOR Flash 通常逐单元进行编程，但是和所有的 Flash 一样，NOR Flash 逐块进行擦除，通常一个块就是可以被一次性擦除的最大单位，而一个扇区是可以被一次性擦除的最小单位。

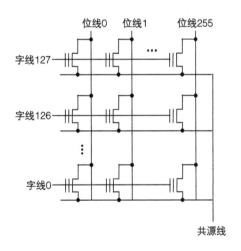

图 4.12 NOR Flash 一个扇区的示意图

图 4.13 所示为 NOR Flash 一根位线的截面图和一个单元版图的俯视图。为了减小版图面积，通常相邻两个浮栅晶体管共用一个位线接触通孔，重掺杂的源端在硅衬底上连在一起，并连至源线（SL）。NOR Flash 的单元面积为 $10F^2$。位线节距为 $2F$，其中线宽为 $1F$，隔离区为 $1F$。多晶硅接触的节距为 $5F$，其中每个接触通孔平均为 $1/2F$，间隔为 $1F$，栅长为 $2F$，这里没有采用最小栅长是因为沟道热电子编程机制需要较大的漏端电压。

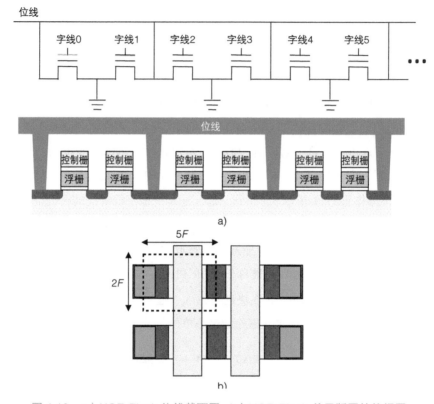

图 4.13 a）NOR Flash 位线截面图；b）NOR Flash 单元版图的俯视图

图 4.14 所示分别为 NOR Flash 擦除（a）、编程（b）和读取（c）操作的电压偏置方式。擦除操作可以采用源端 F-N 隧穿或沟道 F-N 隧穿机制，一个或多个扇区共享源线（或衬底），并能被一次性擦除，比如在共同的源端施加 12V 电压，并令所有的栅极都接地，则电子通过

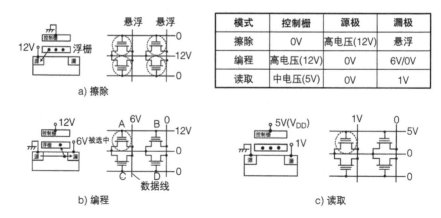

模式	控制栅	源极	漏极
擦除	0V	高电压(12V)	悬浮
编程	高电压(12V)	0V	6V/0V
读取	中电压(5V)	0V	1V

图 4.14 NOR Flash 的典型偏置方式，a）擦除、b）编程、c）读取操作

源端 F-N 隧穿机制从浮栅中被移除，完成擦除操作，通常擦除用时 $100\mu s \sim 1ms$。

编程操作采用沟道热电子机制，可以逐比特进行，比如在控制栅（即选中的 WL）施加 12V 电压，在漏端（即选中的 BL）施加 6V 电压，并令源端接地，则随着一个较大的数百微安级的电流流过沟道，一小部分热电子注入浮栅完成编程操作。这里只有被选中的 A 单元被编程，而 B 单元和 C 单元被半选中，只有栅极或漏端被高压偏置，在理想情况下不会被编程，但是容易受编程干扰（program disturb）导致阈值电压轻微变化，这是因为电子可能因为高字线电压从 B 单元的沟道隧穿到浮栅，或因为相对大的漏端电压从 C 单元的浮栅隧穿到沟道。D 单元则没有被选中，所有端口的电压都是零。通常编程用时数十微秒。

读取操作逐比特或逐字节进行，比如在控制栅（即选中的 WL）施加一个适中的 5V 电压，在漏端（即选中的 BL）施加一个较低的 3V 电压，并令源端接地。如果 A 单元被编程到"0"（假设这时阈值电压为 5V），则 3V 的读电压不能打开沟道，因此漏端电流可以被忽略不计；如果 A 单元被擦除到"1"（假设这时阈值电压为 1V），则 3V 的读电压可以打开沟道，因此漏端电流可以被 BL 连接的灵敏放大器检测到。通常读取操作用时 50ns 左右。

4.3.2 NAND 阵列

NAND 也是一种常用的 Flash 阵列结构[⊖]。图 4.15 所示为 2D SLC NAND Flash 在一个平面（plane）里从上到下的组织结构，一个 NAND Flash 芯片通常由 1 ~ 4 个平面组成，每个平面独立工作。一个平面由许多块（block）组成，比如一个 16Gbit 的单层单元（SLC）平面可以分为 2048 个块，每个块大小为 1MB；一个块又通常分成数十个页（page），本例中共 64 个页，即 64 根字线，每个页大小为 16kB，即 128k 根位线；此外还有额外的校验位用于纠错码（ECC）。页的大小通常为 2 ~ 16kB。

如图 4.16 所示，在一个块中，字线在水平方向连接控制栅，位线连接一个浮栅晶体管串（string）的一端，共源线（CSL）连接一个块中所有浮栅晶体管串的另一端。每个串有两个选通晶体管，即最上面的串选通线（SSL）和最下面的地选通线（GSL）连接的晶体管，它们是没有浮栅的普通 MOSFET。每串中的浮栅晶体管是串联的，这类似于 CMOS 逻辑中 NAND 门的下拉网络，因此这种阵列被称为 NAND Flash。和所有的 Flash 一样，NAND Flash 一次擦除一大块区域，一次只擦除一个或多个小块区域的操作也可以但并不常见。

⊖ 本节只讨论 2D NAND，4.7 节将讨论 3D NAND。2D NAND 的许多操作原则也适用于 3D NAND。

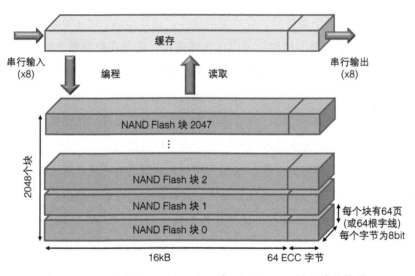

图 4.15   2D SLC NAND Flash 一个 16Gbit 平面的组成结构图

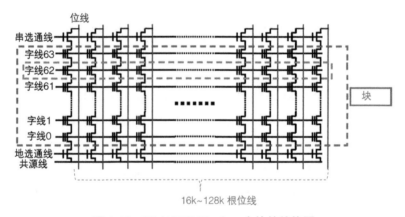

图 4.16   2D NAND Flash 一个块的结构图

图 4.17 所示为 2D NAND Flash 一根位线或一个串的截面图和一个单元版图的顶视图。为了尽可能地减小版图面积实现紧凑版图，同一串上的相邻浮栅晶体管共用漏端，位线和源线接触通孔只在串的两端存在。2D NAND Flash 的单元面积为 $4F^2$，位线节距为最小的 $2F$，其中线宽为 $1F$，隔离为 $1F$；字线节距也为最小的 $2F$，因为相邻单元之间没有接触通孔，因此 2D NAND Flash 阵列在平面上实现了理论最大密度。

图 4.18 所示为 2D NAND Flash 整块擦除操作的典型偏置方式。擦除操作采用沟道 F-N 隧穿机制，一个或多个块共用衬底，并能被一次性擦除，比如在衬底的 P 阱施加 20V 电压，并令控制栅接地，则电子通过沟道 F-N 隧穿机制从浮栅中被移除，通常擦除用时 1ms 左右。为了防止串选通晶体管和地选通晶体管被击穿，它们的栅极悬空。

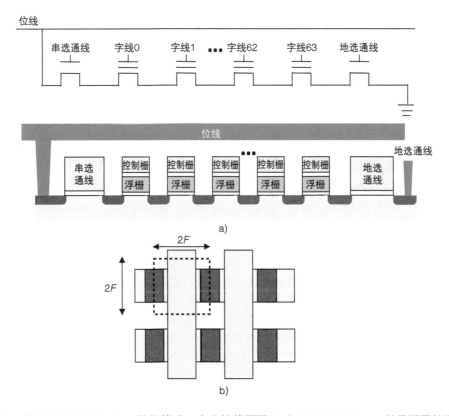

图 4.17　a）2D NAND Flash 一根位线或一个串的截面图；b）2D NAND Flash 单元版图的顶视图

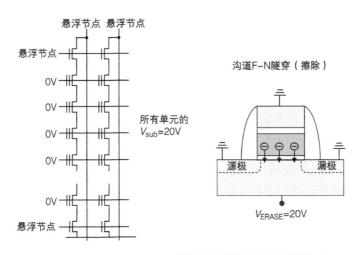

图 4.18　2D NAND Flash 整块擦除操作的典型偏置方式

图 4.19 所示分别为 2D NAND Flash 编程操作（写入"0"）的典型偏置方式。编程操作采用沟道 F-N 隧穿机制，并逐页进行。首先在串选通晶体管的栅极施加电压（如 10V），并令地选通晶体管的栅极接地。然后在选中的 A 单元的字线上施加用于编程的高电压（如 20V），并令位线接地，则 A 单元被编程到"0"，而被半选中的 B 单元仍为"1"。为了防止 B 单元被意外编程，人们采用了一种"沟道抑制"方法，即将其沟道的电压提高到一个中间值，比如 8V，从而控制栅到沟道的电压减小为 12V，这比编程需要的 20V 电压就低了很多。为了将位线上 8V 的抑制电压 V_{INHI} 从位线传递到 B 单元，需要在未选中的字线上施加导通电压 V_{passW}。注意到该串有一个被地选通晶体管截断的悬浮端，因此串上每个晶体管的源端电势 V_{S} 会被夹断到 $\min(V_{\text{G}} - V_{\text{T}}, V_{\text{D}})$，也就是说，$V_{\text{S}}$ 是由 $V_{\text{G}} - V_{\text{T}}$ 和漏端电势 V_{D} 中较小的一个数值决定的。因此，如果要把 V_{D} 传递到 B 单元，$V_{\text{G}} - V_{\text{T}}$ 要比 V_{D} 大。假设浮栅晶体管编程状态的阈值电压 $V_{\text{T\_H}}$ 为 2V，且 $V_{\text{D}} = V_{\text{INHI}} = 8V$，则 V_{passW} 至少为 10V，这样 C 单元的控制栅和沟道之间就有 10V 的电压。通常擦除用时 10～100μs。

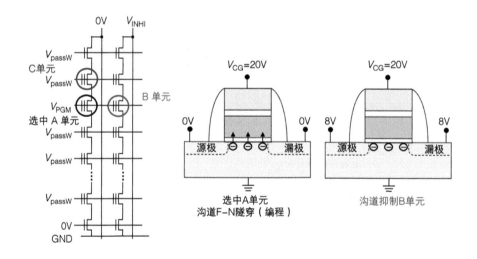

图 4.19　2D NAND Flash 对选中单元编程、对半选中单元进行沟道抑制的典型偏置方式

由于未选中位线要被充电到一个较大的电压（如 8V），导致功耗增大，因此上述的传统沟道抑制方法已不再广泛使用，而是采用一种"沟道自提升"方法。图 4.20 所示为沟道自提升方法的编程抑制、时序图和简化电容模型。通过预充串选通线和未选中的位线到一个共集电极电压 V_{CC}（如 3V），并给所有的字线施加 $V_{\text{passW}} = 10V$ 电压，这样可以关断串选通晶体管，因为其 V_{G} 和 V_{S} 都为 $V_{\text{CC}} = 3V$，所以 V_{GS} 实际上为 0，此时 NAND 串的沟道成为悬浮节点。

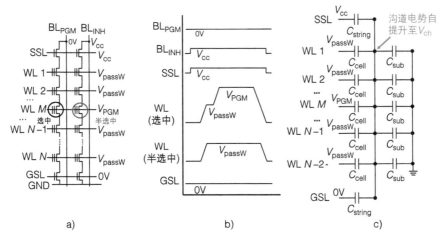

图 4.20　沟道自提升方法的 a）编程抑制，b）时序图和 c）简化电容模型

接下来给选中的字线施加 20V 电压，则沟道电压因控制栅、浮栅、沟道和衬底的串联电容耦合而提高。

忽略选通晶体管的影响，采用简化电容模型可以得到沟道电压为

$$V_{ch} = \frac{C_{cell}}{N(C_{cell} + C_{sub})}(N-1)V_{passW} + \frac{C_{cell}}{N(C_{cell} + C_{sub})}V_{PGM} \qquad （4.12）$$

式中，C_{cell} 为多晶硅间电介质电容 C_k 和隧穿氧化层电容 C_g 的串联电容；C_{sub} 为沟道到衬底的耗尽层电容；N 为一个 NAND 串的字线数。提升后的 V_{ch} 有效降低了半选中单元控制栅到沟道的电压，防止其被编程。

"局部自提升"方法和"非对称自提升"方法可以进一步提高沟道自提升效率，分别如图 4.21a、b 所示。局部自提升方法在沟道悬浮后，将选中单元相邻的两根字线接地，使其与串上的其他单元隔离，导致半选中单元提升后的沟道电势更高，因为不需要和其他单元共享电荷，其沟道电势为

$$V_{ch} = \frac{C_{cell}}{(C_{cell} + C_{sub})}V_{PGM} \qquad （4.13）$$

局部自提升方法的一个问题是选中单元上方的字线接地，导致零电压难以从位线传递到选中单元，从而不得不对选中和未选中的位线分别进行更复杂的时序设计。一种折中的设计（非对称自提升）是只将选中单元下方的字线接地，使其与自身下方的其他单元隔离，则沟道电压 V_{ch} 为

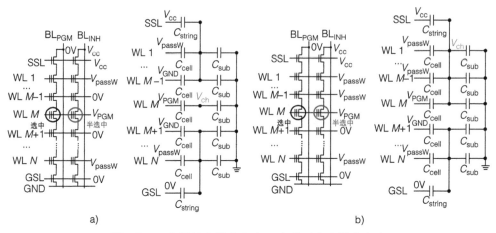

图 4.21   a) 局部自提升方法；b) 非对称自提升方法

$$V_{ch} = \frac{C_{cell}}{M(C_{cell} + C_{sub})}(M-1)V_{passW} + \frac{C_{cell}}{M(C_{cell} + C_{sub})}V_{PGM} \qquad (4.14)$$

式中，M 为选中单元上方的字线数（$M < N$）。非对称自提升方法的提升效率介于自提升方法和局部自提升方法之间。

图 4.22 所示为 2D NAND Flash 读取操作的典型偏置方式。读取操作逐页进行，首先将位线预充（如 0.3V），在串选通线和地选通线上施加偏置电压（如 4V），使得从位线到共源线导通。然后对于选中的页，在其字线上施加一个介于编程状态阈值电压（如 2V）和擦除状态阈值电压（如 -2V）中间的读电压 V_R（如 0V），并令源端接地。同时在未选中页的字线上

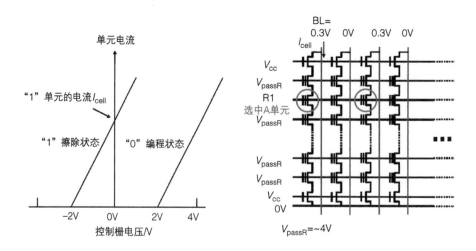

图 4.22   2D NAND Flash 对选中单元读取操作的典型偏置方式

施加一个高于编程状态阈值电压的导通电压，也就是说，需要在所有未选中的字线上施加高于 V_{T_H} 的 V_{passR} 电压（如 5V）。如果选中的 A 单元存储编程状态 "0"（即 V_{T_H} = 2V），则读电压（V_R = 0V）不能开启沟道，使得整个串的电流都很小（关闭的 A 单元阻止了整个串的电流），位线电压也不会降低。如果 A 单元存储擦除状态 "1"（即 V_{T_L} = -2V），则读电压（V_R = 0V）可以开启沟道，使得整个串导通，位线电压降低。由于放电路径的串联电阻为每个晶体管沟道电阻的和（如 64 个晶体管），因此寄生 RC 延时较大，使得读取操作通常用时达到 10 ~ 100μs。

4.3.3 Flash 阵列的外围高压电路

由于 Flash 擦写操作需要 20V 以上的高压，所以外围电路需要支持高压操作，基本的高压电路单元为电荷泵和电平转换器。电荷泵用一个外部低压源产生一个高压直流偏置，而电平转换器将低压域输入转换到高压域输出。

图 4.23a 所示为一个电荷泵的设计。在输入端施加 V_{DD}，在 CK 和 CK# 端互补地施加 V_{DD} 和 GND 时钟脉冲，则 MN1 和 MN2 交替打开，使 V_A 和 V_B 在 V_{DD} 和 $2V_{DD}$ 之间交替充放电，而 MP1 和 MP2 会将 $2V_{DD}$ 传递到输出端，将多个这样的电荷泵级联起来，就可以将电压提高到预期的高电平上。为了实现理想的直流电压源，还需要采用其他技术来稳定输出电压，减小涟漪效应等。图 4.23b 所示为一个简单电平转换器的设计。将 V_{IN} 接地，则 M2 打开而 V_{SW} 接地，V_{OUT} 等于 V_{HV}。若 V_{IN} 等于 V_{DD}，则 M4 打开而 V_{SW} 等于 V_{HV}，M8 关断，输出等于 0。V_{HV} 为电荷泵的输出，随着输入信号在低压源和零之间变换，输出信号在高压源和零之间变换。

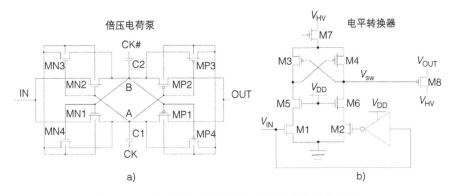

图 4.23 a）电荷泵电路图；b）电平转换器电路图

图 4.24 所示为 NAND Flash 的高压外围电路系统，电荷泵和电平转换器被用于编程操作。首先，外部的电压源（如 2.5V）被转换为编程电压 V_{PGM}（如 20V）和导通电压 V_{passW}（如 10V），接着经过字线译码器后输入到电平转换器中作为电压源。根据字线地址，只有一根字

线被偏置到编程电压 V_{PGM}，其他字线都被偏置到导通电压 V_{passW}，然后所有字线电压通过总线（一般有 64 个通道）被传递到所有的块上。根据块地址，只有要被编程的块会被一个经过电平转换器后的高压（如 30V）选通，使得编程电压 V_{PGM} 和导通电压 V_{passW} 能够通过，而其他块的选通晶体管上电压为 0。

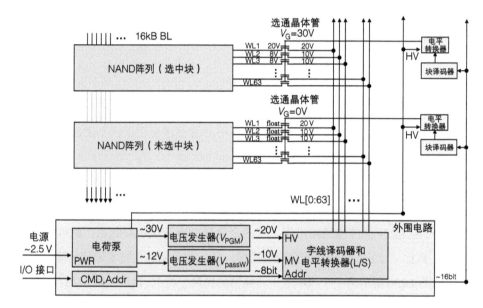

图 4.24　NAND Flash 的高压外围电路系统

4.3.4　NAND Flash 的编译器

因为 NAND Flash 的编程和读取操作逐页进行，而擦除操作逐块进行，所以它不是随机存取存储器。编程操作对一个块内的各页依次进行，而擦除操作对整个块进行，这意味着一个块的初始状态是所有单元都被擦除到 "1"，然后开始逐页编程，将相应的单元编程到 "0"，而其他的单元仍然为 "1"。一个写指针被用于标记当前被选中的页，并在被选中的块内部逐页移动，比如从第 0 页依次移动到第 63 页，该顺序不能反过来，也不能跳跃移动，否则可能会导致读不到最后一页。因此，这个过程中存在一个从主机的逻辑块地址（LBA）到 NAND Flash 的物理页地址的映射机制，NAND 控制器中包含一个 Flash 编译器（FTL），利用映射表和块信息表来实现这种映射机制并记录一些额外信息。图 4.25 所示为一个 Flash 编译器在跨块编程中的更新过程，其中假设每页的大小为 2kB。如图 4.25a 所示，当前写指针指向第 2 块第 63 页，当逻辑块地址为 2k 的数据写入存储器时，就写入写指针指向的该地址，同时映射表也更新这一操作，该数据本来所在的第 0 块第 5 页改为第 2 块第 63 页。由于写指针已经指向第 2 块的最后一页，因此接下来写指针将指向一个空的块的第 1 页，即第 1 块第 0 页，同时 Flash 编译器的块信息表更新这一信息，将第 0 块有效页数减 1，而第 2 块的有效页数加 1。图 4.25b 所示为将逻辑块地址 4k 中的数据编程到写指针指向的第 1 块第 0 页的操作，映射表做了更新，同时 Flash 编译器的块信息表也更新了相关信息，将第 0 块的有效页数减 1，而第 1 块的有效页数加 1。这时由于第 1 块被写入了数据，擦除状态就从"真"变为"假"，然后写指针移动到第 1 块第 1 页。

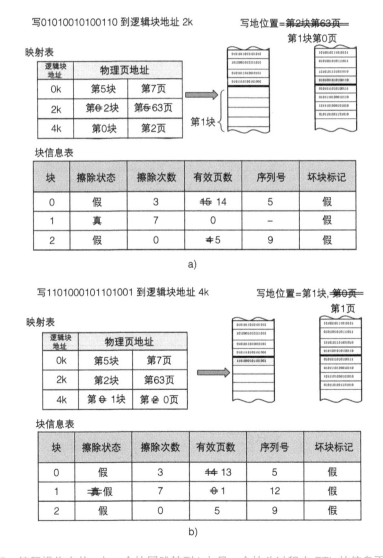

图 4.25　编程操作中从 a）一个块尾跳转到 b）另一个块头过程中 FTL 的信息更新

因为编程操作总是会消耗掉新的物理块，当一个块内大部分的页变为无效后，块内数据变得分散，这时 Flash 编译器会定期进行垃圾回收，即将数据高度分散的块中的数据搬移到新块上，然后擦除原来的块。因此在某些时刻，控制器需要对一个或多个块进行擦除操作，从而保证有足够多的空块用于接下来的编程。如图 4.26 所示，Flash 编译器对第 2 块进行擦除操作，并进行信息更新。如图 4.26a 所示，当前写指针为第 1 块第 4 页。在第 2 块擦除之前，其内有效的页要被读出并写入写指针指向的其他块，即第 1 块第 4 页至第 6 页，同时 Flash 编译器的块信息表也要更新，即将第 2 块的有效页数变为 0，而第 1 块的有效页数增加 3。接着如图 4.26b 所示，整个第 2 块被擦除，其块信息表的擦除数加 1，擦除状态置为"真"。

块信息表

块	擦除状态	擦除次数	有效页数	序列号	坏块标记
0	假	3	13	5	假
1	假	7	1	12	假
2	假	0	3̶ 0	9	假

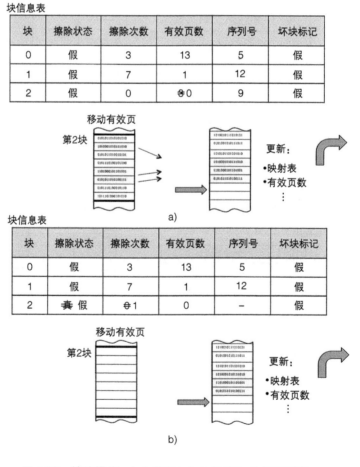

a)

块信息表

块	擦除状态	擦除次数	有效页数	序列号	坏块标记
0	假	3	13	5	假
1	假	7	1	12	假
2	真̶ 假	0̶ 1	0	–	假

b)

图 4.26　擦除操作 a）之前和 b）之后 FTL 的信息更新

Flash 编译器维护映射表和物理块信息表，支持逻辑上连续的 LBA 在物理上存储在不同的块和页上。NAND Flash 的擦写不像随机存取存储器一样灵活，因此控制器的设计变得非常复杂。

4.3.5 NOR 和 NAND 的对比

表 4.1 总结了 NOR Flash 和 2D NAND Flash 的主要区别。2D NAND 的单元尺寸更小，只有 $4F^2$，而 NOR 的单元尺寸为 $10F^2$。2D NAND 可以微缩到 15nm 特征尺寸，而 NOR 在 2015 年仍停留在 55nm 及以上。此外 NAND Flash 可以应用多比特单元（MLC），例如每单元 3bit 或 4bit。因此 NAND 即使不做 3D 集成，也比 NOR 具有更高的存储密度和更低的比特成本。截至 2020 年，2D NAND 单芯片可以提供 128Gbit 存储，3D NAND 单芯片可以提供 1Tbit 存储，而独立的 NOR Flash 单芯片通常只能提供 256Mbit ~ 8Gbit 存储。

表 4.1　NOR Flash 和 2D NAND Flash 的主要区别

指标	2D NAND	NOR
密度	$4F^2$ (SLC)/$1.3F^2$ (TLC)	$10F^2$
工艺节点	14nm ½ 节距 (2015)	55nm ½ 节距 (2015)
微缩挑战	电子数量减少 / 电容串扰	电子数量减少 / 短沟道效应
单位成本	低	高
数据访问模式	串行访问	随机访问
擦写时间	100μs ~ 1ms/ 页	10μs/B
读取时间	25μs/ 页	50ns，随机访问
寿命	10^3~10^4 次擦写	>10^5 次擦写
保持时间	2 ~ 5 年	10 年
应用	大规模存储	代码存储

如前所述，NAND 必须按顺序访问，而 NOR 可以随机访问。NOR 的随机访问读取速度很快，只有 50ns 左右，这是因为每个浮栅晶体管都直接连接到位线。而 NAND 的随机访问读取速度较慢，约为 10μs，但是当 NAND 的第 1 页被读出后，选中块其他页的读取速度相对较快，约为 50ns，这是因为 I/O 可以对一页中大量位线上预取出的数据连续读。通常 NOR Flash 的可靠性比 NAND Flash 更高，拥有 10^6 次擦写寿命和在高温下（如 85℃）超过 10 年的数据保持时间，而 NAND Flash 只有 10^3 ~ 10^4 次擦写寿命和 3 年左右的保持时间。尽管

NOR 拥有这些优点，但其较高的成本使其市场正在被 NAND 占据，今天的大规模数据存储市场已经被 NAND Flash 统治，2020 年前后 NAND Flash 的主要厂商包括三星、SK 海力士（刚刚收购了英特尔的 NAND 业务）、美光、铠侠（原东芝）和西部数据。

截至 2020 年，NOR Flash 的市场大约为 20 亿美元，是 NAND Flash 的 3.5%，独立式 NOR Flash 的主要厂商为旺宏、华邦、赛普拉斯、美光和兆易创新。出于存储和执行程序的目的，NOR Flash 通常具有小容量、高随机读取速度和高可靠性的特点，允许 SoC 和 FPGA 从中直接启动，此外 NOR Flash 也广泛应用于固件。今天的独立式 NOR Flash 主要采用 40nm 节点，并且几乎无法再微缩，这也给新型非易失性存储器（见第 5 章）的发展带来了空间。

4.4 多比特 Flash 单元

4.4.1 多比特 Flash 单元的基本原理

Flash 存储器（尤其是 NAND）通过在单个浮栅晶体管存储多比特数据来提高存储密度，包括两比特单元（又称多比特单元，MLC$^{\ominus}$）、三比特单元（TLC）和四比特单元（QLC）等。传统的 Flash 只有单比特单元（SLC），包含编程状态和擦除状态，而实现多比特单元的方法是将阈值电压编程到多个中间状态。图 4.27 为单比特、两比特和三比特单元阈值电压分布的概念示意图。对 NAND Flash 来说，通常擦除状态阈值电压为负数，如 −2V 左右，而完全编程状态阈值电压为正数，如 +4V 左右，在这两个阈值电压之间有巨大的空间用来存储中间状态。两比特单元有 4 个阈值电压，从低到高依次为 ER、P1、P2 和 P3，分别表示 11、01、00 和 10。三比特单元有 8 个阈值电压，从低到高依次为 ER、P1、P2、P3、P4、P5、P6 和 P7，分别表示 111、011、001、101、100、000、010 和 110。注意到这里采用了不同于二进制的阈值电压编码方式，其中相邻阈值电压表示的数据的汉明距离为 1，这有助于减小误码率，因为当阈值电压从一个电压变化到相邻电压时，只会发生 1bit 的错误。由于擦除状态和完全编程状态的存储窗口是有限的，如 6V，三比特单元相邻阈值电压之间的距离比两比特单元要小得多。考虑到工艺波动和编程错误带来的阈值电压分布的离散性，三比特单元相邻阈值电压的距离可以小至 600mV。最近工业界在研发四比特单元技术，这就需要更紧凑的 16 个阈值电压分布，相邻阈值电压之间的距离可能只有 300mV。

⊖ 严格来说，MLC 仅表示两比特单元，但在更广泛的意义上 MLC 也指所有的多比特单元，包括两比特单元、三比特单元和四比特单元。

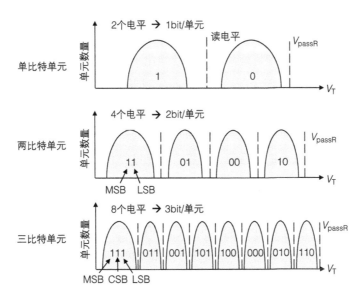

图 4.27　单比特、两比特和三比特单元的阈值电压分布

　　将 Flash 存储器编程到中间阈值电压的方法是调节编程电压幅度和编程脉冲宽度，其底层机理是调制注入到浮栅中的电子数目。如前所述，浮栅中的电子越多，阈值电压越大。如果能够精确控制注入的电子数，就能实现不同的阈值电压。如图 4.28 所示，在不同的编程电压下（17 ~ 19V），阈值电压是编程时间（1μs ~ 1ms）的函数，随着编程时间或编程电压增加，阈值电压线性增大，因此编程时间和编程电压是调控多比特单元阈值电压的主要参数。

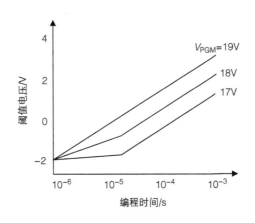

图 4.28　不同编程电压下，浮栅晶体管阈值电压随编程时间的变化图

4.4.2 增量步进脉冲编程（ISPP）

因为存在工艺波动和编程错误，所以不可能用一个编程脉冲来精确调控阈值电压，这样就需要通过写 - 校验方法来达到目标阈值电压。相比于两比特单元，三比特和四比特单元的阈值电压调制需要更加精确，因为阈值电压之间的间隔更窄。写 - 校验方法先施加一个编程脉冲，然后读出存储状态并与目标阈值电压比较，如果没有达到目标阈值电压范围，则再施加一个脉冲，重复以上过程直到达到目标阈值电压为止。为了防止"过编程"导致超过目标阈值电压范围，可以采用较小的编程脉冲幅度，但是这样将花费更多个脉冲才能达到目标阈值电压范围。

为了解决这一问题，对于多比特单元编程，增量步进脉冲编程（ISPP）是一种常用的写 - 校验方法。如图 4.29 所示，ISPP 逐脉冲增大脉冲幅度，例如其初始幅度为 16V，每一步增大 0.5V，这样经过 2 ~ 6 次写 - 校验周期后就可以将阈值电压编程到目标阈值电压的 $3\sigma = 0.6V$ 的范围内。相比之下，如果采用恒定的 16V 编程电压，这将需要 11 ~ 37 次写 - 校验周期后才能使阈值电压达到相同的 $3\sigma = 0.5V$ 范围之内；而如果采用恒定的 18V 编程电压，受到过编程的影响，大量单元的阈值电压将分布在目标阈值电压的 $3\sigma = 0.5V$ 之外，形成尾比特。总而言之，ISPP 提供了一种可以降低阈值电压分布离散性的快速高效的方法。不过需要指出ISPP 只能向浮栅中注入更多的电子，而不能部分地移除电子，因此这种方法不可能直接将数据调制到任意值或将数据在两个中间状态之间任意切换。在这种情况下，如果需要写入新的数据，就需要将原来的数据彻底擦除。

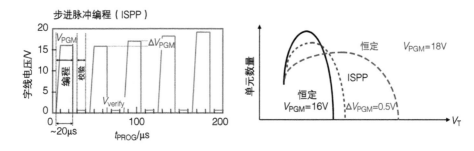

图 4.29 ISPP 的编程波形和相比于恒压写 - 校验编程的阈值电压分布

从擦除状态到中间编程状态的实际编程过程可能是分阶段的。图 4.30a 所示为一个两比特单元的两阶段编程。在第一阶段，首先将一个 Flash 晶体管根据最低比特（LSB）值进行编程，如果最低比特是 1，则停留在 ER 状态，如果最低比特是 0，则编程到一个临时状态（TP），TP 状态的阈值电压为 P1 和 P2 的平均值。在第二阶段，首先从内部寄存器读出最低比特值来判断单元所处的状态，然后根据最高比特（MSB）值将阈值电压增大到最终状态区间，这样 ER 状态变为 P1 或停留在 ER 状态，而 TP 状态则变为 P2 或 P3 状态。

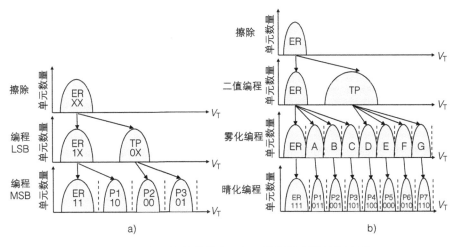

图 4.30 a）两比特单元和 b）三比特单元的编程序列

三比特单元采用类似于两比特单元的两阶段编程，一种常用的编程方法叫"晴雾编程"。如图 4.30b 所示，首先将一个 Flash 晶体管根据最低比特（LSB）值进行编程，使用粗粒度的 ISPP 步进脉冲在二进制编程步骤中部分编程 Flash 晶体管，以快速提高 V_T 值到 TP 状态。然后，基于其中间比特（CSB）和最高比特（MSB）值，将 Flash 晶体管再次部分编程到一组新的临时状态（这些步骤被称为雾化编程，比二进制编程使用更细粒度的 ISPP 步进脉冲）。由于三比特单元的阈值电压间隔更小，编程的错误率更高，因此二值编程和雾化编程的中间数据都被缓存到内部的寄存器上。最后，晴化编程从寄存器上读出缓存的数据，并采用最细粒度的 ISPP 将每个单元编程到最终的阈值电压范围里，从而实现对阈值电压分布的严格限制。

显然这种复杂的编程方法非常耗时，例如两比特、三比特和四比特单元编程一页分别需要约 200μs、500μs 和 2ms，因此集成密度和编程速度之间需要折中。

4.5 Flash 的可靠性

Flash 存在多种可靠性退化机制，包括：反复擦写后的寿命降低、长时间后（尤其是高温下）的保持特性退化、编程和读取操作干扰等。以上退化的结果是使阈值电压的分布偏离了原来的形状或位置，相比于开始状态的分布偏移或者加宽。由于偏移和加宽，相邻阈值电压分布的边缘相互重叠，这时读参考电压在重叠区域无法正确区分 Flash 单元的状态，导致读取错误。读取错误分为硬错误和软错误。硬错误意味着错误是永久性的，比如 Flash 在多次擦写后，由于擦写寿命用尽，导致阈值电压停在某个值而无法被改变。软错误是可以被恢复的，比如阈值电压随时间漂移，但在擦除操作之后可以被重新编程到原来的值，这通常是由保持特性退化或读写干扰导致的。

Flash 存储器通常配有 ECC 纠错机制，可以在逻辑上纠正可靠性退化带来的原始错误。比如对于一个 2kB 大小的页，其页末尾有额外的 64B 作为奇偶校验位，这些校验位可容忍的原始误比特率（BER）可以是 $10^{-4} \sim 10^{-2}$。经过 ECC 后，纠正后的误比特率将降低到 10^{-15}。如果经过过多的擦写次数、长时间高温或持续的干扰等，则会导致误比特率超过了 ECC 的纠错能力，这时就会产生真正的错误，这也就达到了 Flash 存储产品设置的使用时间的极限。

4.5.1 Flash 的擦写寿命

擦写寿命指的是在存储窗口消失以前存储单元能被擦写的次数。擦写寿命退化也被称为擦写疲劳。当一个块被多次写入后，就可能会产生许多需要被纠正的原始比特错误，并有可能超过 ECC 的纠错能力。图 4.31 所示为一个单比特单元 NAND 的阈值电压随着擦写次数从零增加到 10^6 的变化，其擦除状态的阈值电压随着擦写次数的增加而增大，导致两个状态的窗口减小。该现象背后的机制是隧穿氧化层束缚了陷阱电荷，即随着擦写过程中电子被频繁注入和移出，导致了隧穿氧化层中产生了氧空位等缺陷，这些缺陷成为可以捕获电子的陷阱。随着擦写次数的增加，缺陷数也增大，从而使越来越多的电子被隧穿氧化层捕获，且很难被擦除操作移除。这就导致了隧穿氧化层中电子的不完全移除，最终导致阈值电压的增加。

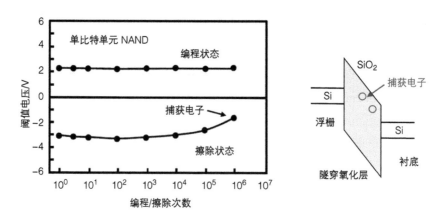

图 4.31　单比特单元 NAND 阈值电压随擦写次数的变化图，以及隧穿氧化层的捕获电子示意图

对于多比特单元来说，由于相邻值的窗口更小，擦写寿命退化会导致更多的错误。图 4.32 所示为两比特单元 NAND Flash 存储器擦写前后阈值电压的分布。随着擦写次数的增加，各状态阈值电压的分布首先系统性地右移和加宽，此外低阈值电压状态的右移量超过了高阈值电压状态。陷阱导致的电子的不完全移除增大了擦除状态的阈值电压。而编程状态的阈值电压漂移主要是由于隧穿氧化层的质量随擦写次数的增加而变差，从而导致电子可以通过陷阱辅助隧穿等方式更容易地通过隧穿氧化层。这导致随着 Flash 存储器的擦写疲劳，在相同的 ISPP 条件下（包括相同的编程电压、步进步长、编程时间等），更多电子被注入浮栅，导致阈值电压增大，即阈值电压分布右移。各状态阈值电压分布的加宽是疲劳过程中的波动带来的，这导致相邻状态的重叠更多，误比特率增加。

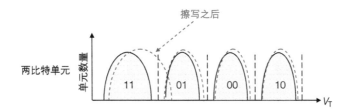

图 4.32　两比特单元 NAND Flash 存储器擦写前后的阈值电压分布变化示意图

不同 NAND Flash 产品的擦写寿命大不相同。50nm 节点的单比特单元 NAND 每个块可以进行约 10^5 次擦写，50nm 节点的两比特单元 NAND 每个块可以进行约 10^4 次擦写，更先进的亚 20nm 节点的两比特和三比特单元 NAND 每个块分别可进行约 3000 次和 1000 次擦写。对于更先进节点和更高密度的 NAND Flash，则需要更强大的 ECC 和疲劳平衡技术。

4.5.2　Flash 的保持特性

保持特性指浮栅中的电荷的保持时间，也即相邻状态间存储窗口保持的时间。存储电荷随时间而泄漏会导致保持错误，表现为阈值电压分布随时间的漂移。电荷泄漏机制有两种：第一种是本征的电荷泄漏，即电子通过热电子发射穿过浮栅与衬底之间的隧穿氧化层势垒；第二种是其他因素辅助的电荷泄漏，它又分为两种，如图 4.33 所示，其一是陷阱电荷释放，其二是陷阱辅助隧穿。陷阱电荷释放指在擦写后束缚在隧穿氧化层陷阱中的电子随时间流逝被释放。由于大部分陷阱电荷是电子，因此随着时间流逝，电子被释放到衬底，阈值电压向负方向漂移。陷阱辅助隧穿指在擦写过程中形成的缺陷构成了隧穿台阶，提高了隧穿概率，也增大了应力导致的漏电流（SILC）。由于 SILC 是双向的，根据电压的方向，可以帮助电子隧穿进入或离开浮栅，因此对于编程状态会使阈值电压向负方向漂移，对于擦除状态会使阈值电压向正方向漂移。随着 Flash 存储器在反复擦写中产生疲劳，陷阱电荷的数目也在增加，SILC 效应也不断增强。当擦写次数足够多时，陷阱电荷的数目多到形成渗流通道，将显著削弱隧穿氧化层的绝缘性，从而导致阈值电压分布出现大量的尾比特。图 4.34 所示为在陷阱电荷释放和陷阱辅助隧穿效应影响下阈值电压分布的漂移。

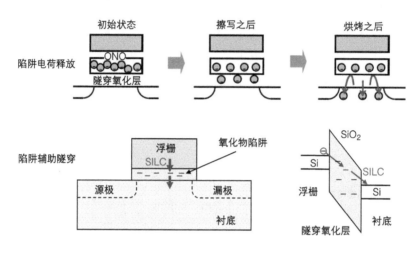

图 4.33　陷阱电荷释放和陷阱辅助隧穿导致的浮栅电子丢失机制

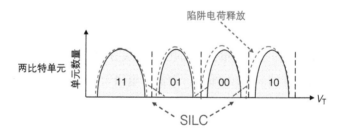

图 4.34　陷阱电荷释放和陷阱辅助隧穿导致的两比特单元阈值电压漂移示意图

　　无论是本征的热电子发射还是其他因素辅助的陷阱电荷释放，它们都很大程度上受温度影响，因此保持特性可以用变温加速测量结果来表征。图 4.35 所示为一个单比特单元 NAND Flash 晶体管典型的保持特性烘烤测试结果。如图 4.35a 所示，在 200℃、250℃和 300℃等不同温度下，从 3V 起始电压开始测量编程状态阈值电压随时间的变化。定义存储窗口为 1V，则当阈值电压漂移达到 2V 时认为保持失效。接着绘制保持失效时间在对数坐标下相对于 $1/kT$ [○] 的曲线，如图 4.35b 所示，提取斜率得到激活能 $E_a = 0.66\text{eV}$。使用外推法可以进一步得到在某一烘烤温度下数据保持时间能否超过 10 年。通常在擦写之后，由于陷阱电荷释放和

　　○　k 是玻尔兹曼常数，kT 是热能。

SILC 效应，保持特性退化得更快。在这个例子里，利用外推曲线可以得到在 114 ℃下和 10^4 次擦写之后，数据刚好能够保持 10 年。需要注意对于多比特单元，阈值电压的漂移失效边界更窄。

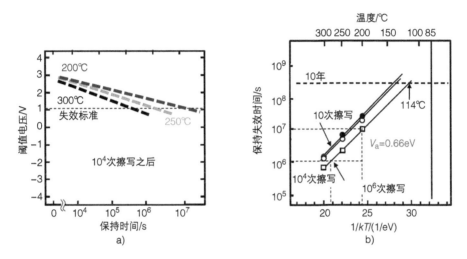

图 4.35　a）高温烘烤下单比特单元 NAND 编程状态阈值电压的漂移示意图；b）保持失效时间的 Arrhenius 图

4.5.3　Flash 的单元干扰

单元干扰指当选中单元被编程或读取之后，相邻单元因为受到干扰而使其阈值电压发生漂移的现象。图 4.36 所示为 NAND Flash 阵列的编程干扰和半选中单元阈值电压的漂移。因为未选中字线被施加了导通电压 V_{passW}，导致了与选中单元处于同一根位线的其他单元受到了编程干扰。由于未选中字线的导通电压 V_{passW} 为中等电压值（如 10V），因此 F-N 隧穿的概率远小于真正的编程操作，但是仍有一定概率发生隧穿，使某些电子进入到浮栅中，从而导致阈值电压变大。同时，由于和选中单元处于同一字线上的单元有电压降 $V_{PGM} - V_{ch}$（如 12V），所以电子也有一定概率隧穿进入浮栅，使阈值电压变大。未选中字线和未选中位线上存在的这一问题导致导通电压 V_{passW} 的范围受限，如果 V_{passW} 太大（如超过 12V），未选中字线将受到编程干扰；如果 V_{passW} 太小（如低于 11V），则沟道抑制或沟道自提升将不再有效，同时未选中位线将受到严重的编程干扰，因此在这个例子里的 V_{passW} 只能在 11 ~ 12V 之间。总之，阈值电压分布在多次编程干扰后会向正方向漂移，如图 4.37a 所示，而在擦除状态或 P1 状态等低阈值电压状态下的漂移更加严重，因为它们的隧穿氧化层中的电场更大。

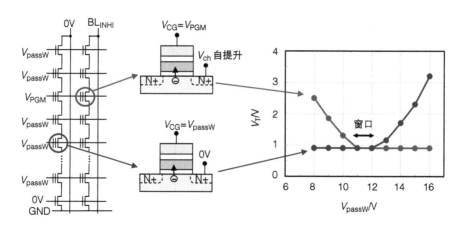

图 4.36 NAND Flash 阵列的编程干扰和半选中单元的阈值电压漂移

NAND Flash 阵列上也会出现读取干扰现象。由于未选中字线上施加了读导通电压 V_{passR}，这就导致了与选中单元位于同一位线上的其他单元会受到读取干扰。由于 V_{passR} 相对较小（如 6V），所以 F-N 隧穿概率也比实际的编程过程小得多，但仍然有一定概率发生隧穿，特别是在多次读取操作之后，阈值电压分布将向正方向漂移，如图 4.37b 所示。在低阈值电压状态下的漂移更加严重，这也是因为它们的隧穿氧化层中的电场更大。相比于编程干扰，读取干扰的影响相对较小。

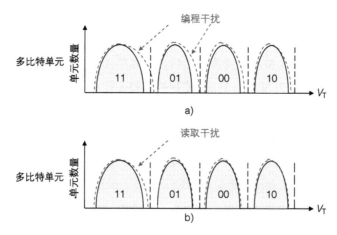

图 4.37　a）编程干扰和 b）读取干扰导致的两比特单元 NAND 阈值电压的漂移示意图

4.5.4　可靠性问题之间的折中

总结以上可靠性问题，我们注意到保持特性、单元干扰和擦写寿命之间相互影响。通常来说，在过多的擦写操作后，由于在隧穿氧化层产生了大量缺陷／陷阱增强了陷阱辅助隧穿和陷阱电荷释放，从而导致了保持失效和编程 / 读取干扰变得严重。可靠性指标和多比特存储之间也需要折中。理想状况下，单比特单元 NAND 的擦写寿命是 10^5 次，在外推至 85℃下的保持时间是 10 年，但是这两个指标不能同时实现，特别是对多比特单元 NAND。如三比特单元，其擦写寿命可能会减小到 10^3 次，而外推至 85℃下的保持时间是 3 年。擦写也可能会降低数据的保持时间。对只有几次擦写的新芯片来说，外推至 85℃下的保持时间可能超过 10 年，但对于擦写寿命末期的芯片（如经过 10^3 次的擦写），85℃下的保持时间可能退化到 1 年。

4.6　Flash 微缩的挑战

自 20 世纪 80 年代中期发明以来，2D NAND Flash 的微缩一直进展顺利，甚至一度超过了逻辑晶体管微缩的速度，并在 21 世纪第一个十年末期成为先进光刻技术发展的首要驱动力。其特征尺寸也从 1986 年的约 1.5μm 微缩到 2016 年的约 15nm，在 30 年里尺寸微缩了 100 倍，面积微缩了 10000 倍。随着多比特单元的发展，NAND 芯片容量也从 2001 年的 1Gbit 稳步提高到了 2016 年的 128Gbit，如图 4.38 所示，在 15 年里存储密度提高了 128 倍。

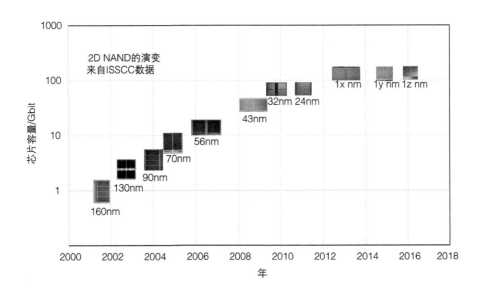

图 4.38　2D NAND Flash 存储容量和特征尺寸的发展历程

然而在 21 世纪 10 年代中期，除了制造过程中光刻图形化的限制外，2D NAND Flash 微缩本身也产生了几个重大挑战。在亚 20nm 技术代有 1x nm、1y nm 和 1z nm 这 3 个节点[⊖]，从图中也可以看到尽管芯片面积在减小，但芯片容量在这 3 个节点停留在 128Gbit，1z 节点是 2D NAND Flash 的最后一代。限制 2D NAND Flash 继续微缩的两个主要挑战是单元间串扰和电子数量减少问题，下面分别进行讨论。

4.6.1　单元间串扰

如图 4.39 所示，在 NAND Flash 阵列中，浮栅晶体管和相邻单元之间发生电容耦合，而由于字线间、位线间和对角线间的寄生电容耦合，位于中间的选中单元会在编程过程中干扰相邻单元，使其阈值电压发生漂移。随着尺寸微缩，相邻单元之间的距离变短，寄生电容增大。在亚 20nm 2D NAND 技术代中，编程会让相邻单元阈值电压漂移达到 40%，单元间串扰成为 NAND 微缩最大的挑战之一。

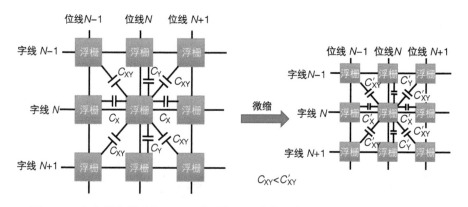

图 4.39　电容耦合导致的 Flash 阵列单元间串扰，电容耦合随尺寸微缩而加剧

如图 4.40a 所示，在 NAND Flash 操作中，编程操作逐页进行，当 WL1 被编程后，WL2 接着被编程。由于电容耦合，相邻单元的编程电压部分加在 WL1 上，导致 WL1 上单元的阈值电压增加。WL2 上的一些单元即使被抑制，但电容耦合仍有可能使其阈值电压增大。图 4.40b 所示为发生单元间串扰后 NAND Flash 中间编程状态的阈值电压分布，在相邻位线编程后，阈值电压轻微右移，接着在相邻字线编程后，阈值电压进一步右移。单元间串扰在多比特单元操作中会产生非常严重的问题，因为多比特单元中间编程状态更容易相互重叠。

　⊖　厂商通常不会披露亚 20nm 工艺节点的具体特征尺寸，1x、1y 和 1z 节点的特征尺寸分别约为 19nm、17nm 和 14nm。

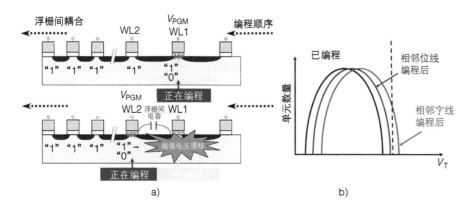

图 4.40　a）逐页编程中当 WL2 被编程时，电容耦合导致 WL1 的阈值电压增加；
b）发生单元间串扰后 NAND Flash 单元中间编程状态阈值电压的分布图

　　为了降低单元间串扰，浮栅器件的结构发生了变化。如图 4.41 所示，首先人们减小了浮栅叠层的高度，减小了字线和位线重叠区域的面积，进而降低了耦合电容。最终的浮栅结构是一个平面控制栅结构，但这里的折中是同时也减小了多晶硅间电介质的面积，从而减小了控制栅对浮栅的耦合系数，使得控制栅更难调控浮栅，导致了编程电压的增大。此外如图 4.42 所示，在浮栅之间采用空气隙隔离，由于空气的介电常数非常接近于 1，因此这种方法可以减小耦合电容。空气隙隔离技术已用于亚 20nm 2D NAND Flash 技术代。

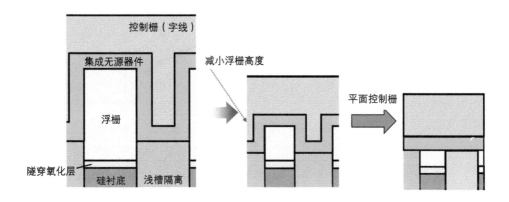

图 4.41　减小单元间电容耦合的结构策略：减小浮栅高度并采用平面控制栅结构

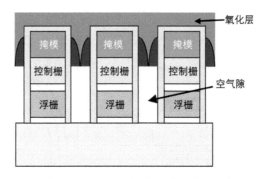

图 4.42　在字线间引入空气隙以减小单元间电容耦合

4.6.2　电子数量减少问题

随着微缩，由于浮栅面积的减小，存储在浮栅中的电子的数目变得越来越少，导致数据的保持特性受电子丢失的影响越来越大，这被称为"电子数量减少"问题。图 4.43 所示为浮栅晶体管在完全编程状态存储的电子数。在亚 20nm 2D NAND Flash 时代，存储在浮栅中的电子数少于 50 个，因此任何电子的泄漏带来的阈值电压波动都很大，在受编程 / 读取干扰的同时保持数据可被区分的状态和存储窗口也变得更加困难，特别是对多比特单元操作来说。

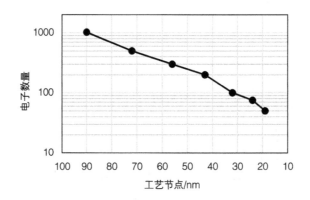

图 4.43　浮栅晶体管完全编程状态下存储的电子数随尺寸微缩的变化图，
电子数量减少问题越来越严重

由于上述挑战，2D NAND 难以向 10nm 节点继续微缩，促使产业界决定转向 3D NAND Flash 来克服这些挑战，并继续提高集成密度来降低比特成本。

4.7　3D NAND Flash

随着 2D NAND 在 21 世纪 10 年代中期达到 14nm 特征尺寸的微缩极限，工业界采用了图 4.44 所示的 3D NAND。第一代 3D NAND 的平面方向特征尺寸可以放宽到 100nm 以上，但随着层数从 24 增加到 128，每比特存储等效面积在持续缩小。在讨论 3D NAND 之前，我们有必要先介绍一下实现 3D NAND Flash 的常用器件结构——电荷俘获型晶体管。

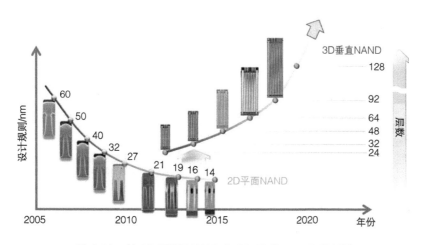

图 4.44　从 2D 平面 NAND 向 3D 垂直 NAND 的过渡

4.7.1　电荷俘获型晶体管的工作原理

电荷俘获型晶体管的工作原理和浮栅晶体管类似，主要区别是电荷俘获型晶体管用基于氮化物的电荷俘获层取代了基于多晶硅的浮栅层，该氮化物层可以俘获从衬底注入的电子。图 4.45 所示为电荷俘获型晶体管的编程和擦除机制，其编程和浮栅晶体管类似，都是利用沟道 F-N 隧穿实现电子注入，主要的区别在于擦除机制。电荷俘获型晶体管的擦除是通过空穴从衬底注入而实现的，而非将电子移出电荷俘获层。图 4.46 所示为基于氮化物的电荷俘获型晶体管的演变过程，自 20 世纪 70 年代开始，电荷俘获型晶体管几乎是和浮栅晶体管一起发展的，其在 3D NAND Flash 中的一种典型结构被称作 MONOS，即金属 / 氧化硅 / 氮化硅 / 氧化硅 /（多晶）硅叠层。

研发电荷俘获型晶体管最开始的动机是其编程电压较低（一般低于 10V），而浮栅晶体管的编程电压通常在 20V 左右。电荷俘获型晶体管的另外一个优点是具有更长的擦写寿命和更好的保持特性。由于氮化物层中俘获的陷阱电荷不能移动，因此如果有通向氮化物层某一

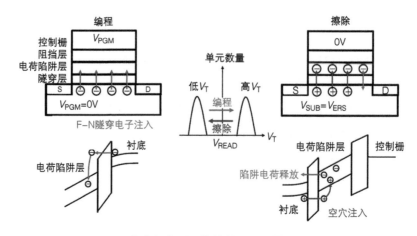

图 4.45　电荷俘获型晶体管的编程和擦除机制

图 4.46　基于氮化物的电荷俘获型晶体管的演变，其中 MONOS 被用于 3D NAND Flash

位置的漏电流路径，那么只有该位置的电荷被泄漏，而其他地方的电荷会保持，这使得电荷俘获型晶体管对单漏电流路径电荷泄漏免疫，而不像在浮栅晶体管中所有的电荷都可以从一条漏电流路径中泄漏，因为多晶硅层中的电荷实质上是可移动的。

4.7.2　低成本的 3D 集成方法

2D NAND 微缩带来的挑战驱使着具有更高比特密度（单位：Gbit/mm^2）的 3D 集成的发展。然而提高比特密度并不是工业界的最终目标，而制造成本（单位：美元/mm^2）也是一个重要的考虑因素。制造商不会采用高成本的 3D 集成方法，因此最终的决定因素是比特成本（单位：美元/Gbit，即制造成本/比特密度）。图 4.47 所示为非易失性存储器 3D 集成的几种可能的方法。第一种方法是简单堆叠存储单元，即逐层重复相同的制造过程，这一方法也用于 3D X-point 存储器的生产[⊖]。但是这一方法并不能节约比特成本，因为光刻步骤数随着层数的增加而线性增加，而通常来说，光刻图形化（包括之后的刻蚀）是非常昂贵的，制造成本和掩模版数量成正比，因此这种简单堆叠的方法并不能降低比特成本。NAND Flash 对低成本的要求也使其不适合采用 3D DRAM 所采用的在多个裸片上使用 TSV 和混合键合技术的异质集成方法。

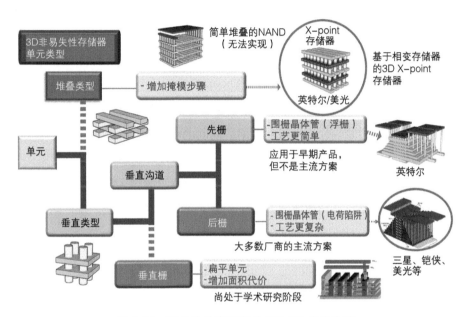

图 4.47　非易失性存储器的几种 3D 集成方法

　　NAND Flash 采用了一种基于垂直单元的单片 3D 集成方法，这一方法在垂直沟道形成或垂直栅图形化步骤中共用光刻过程。这种垂直栅 3D NAND 类似于今天逻辑工艺中的围栅堆叠纳米片晶体管，在逻辑工艺的纳米片晶体管中一般多个平面沟道共用一个垂直栅，不过这种方法虽然已经在论文中被证明了可行性[3]，但是垂直栅的想法还没有在实际生产中实现。工业界目前都采用了垂直沟道的 3D NAND，并且类似于逻辑工艺中高 k 介质和金属栅的制造过程，有"先栅"和"后栅"两种制造工艺。英特尔采用了先栅工艺，从而与浮栅晶体管工艺相兼容；而包括三星、SK 海力士和铠侠在内的其他厂商都采用了后栅工艺，这种工艺更适合电荷俘获型晶体管。美光起初采用了与英特尔相同的路径，但后来也转向了与其他主流厂商相同的后栅路径。垂直单元可以降低比特成本，因为多个层共用一个关键光刻步骤，比如垂直沟道串的图形化可以通过一次光刻完成。

　　⊖　3D X-point 存储器采用了 5.2 节讨论的相变存储器。

在此基础上，人们提出了一种名为"比特成本可降低（BiCS）"的阵列结构，这个例子非常好地体现了垂直沟道 3D NAND 设计的必要性。在 2007 年的 VLSI 上东芝（现在的铠侠）第一次提出了 BiCS 的概念[4]，该结构很快成为了 3D NAND 的前沿和代表性工作。后来 BiCS 的设计启发了很多新结构，如三星在 2009 年的 VLSI 上提出的"十亿比特单元阵列级的晶体管（TCAT）"阵列结构[5]。图 4.48 所示为 BiCS 阵列结构的原理图，其中存储阵列中心的垂直柱作为沟道，围绕着沟道柱的多层字线平面形成围栅结构。每一层共用一个公共字线端口，该端口位于字线平面边缘的台阶上，通过一个垂直向上的柱子引出。一个沟道柱自然而然形成一个 NAND 串，多个层被垂直沟道串联在一起。除了电荷俘获栅叠层，3D NAND 的另一个显著的变化是采用了多晶硅垂直沟道，这与 2D NAND 采用的单晶硅沟道有很大的不同。3D 垂直 NAND 的编程通过正常的 F-N 隧穿进行。而由于没有衬底的垂直沟道柱会被完全耗尽，所以擦除操作是通过源端附近的 GIDL 效应和隧穿进入电荷俘获层的空穴实现。在串的顶部和底部，分别有一个串选通层和地选通层，这些层的栅叠层采用常规电介质。顶部的串选通层可以被单独选中，而底部的地选通层只能被一起选中。因此每个串的顶部连接到独立的位线，而底部则连接到共源线。为了访问不同层字线，在存储阵列中心区域的边缘有台阶状的字线，不同层的字线都可以被单独访问。

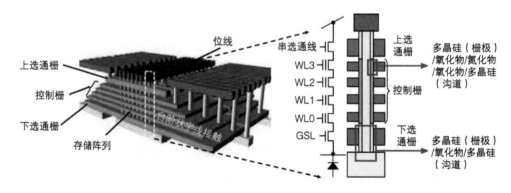

图 4.48　采用 3D 垂直沟道 NAND Flash 单元的 BiCS 阵列结构示意图

图 4.49 所示为 3D NAND 阵列结构的等效电路图，访问一个 3D NAND 块采用 x-y-z 译码方式。首先，x 方向被位线译码器译码，可以选中位线。接着，y 方向被上方的串选通层译码，可以沿着同一根位线访问单独的串。最后，z 方向被字线译码器译码，可以选中不同字线层。3D NAND 的 x-z 平面实质上就是一个 2D NAND，或者说 3D NAND 是沿着 y 方向的多个 x-z 切片的堆叠。截至 2020 年，一个 3D NAND 块通常有 8~16kB 位线，4~8 根串选通线，以及 24~176 层字线。

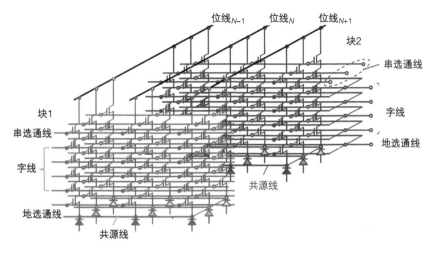

图 4.49 3D NAND 阵列 2 个块的等效电路结构示意图

4.7.3 3D NAND 制造中的问题

因为大部分制造商采用后栅工艺来制造垂直沟道 3D NAND，所以本节重点讨论常见的后栅工艺过程。图 4.50 所示为存储阵列核心部分的一个典型制造流程。（a）交替沉积氧化硅和氮化硅叠层；（b）通过一次光刻形成垂直沟道区域，并在叠层上刻蚀沟槽；（c）以覆盖沟槽侧壁的方式依次淀积氧化硅/氮化硅/氧化硅的电荷俘获层和多晶硅沟道；（d）沟槽中间填充氧化硅；（e）刻蚀形成字线槽；（f）通过同向化学刻蚀去除氮化硅层；（g）用金属填充狭缝；（h）将字线槽中多余的金属刻蚀掉。

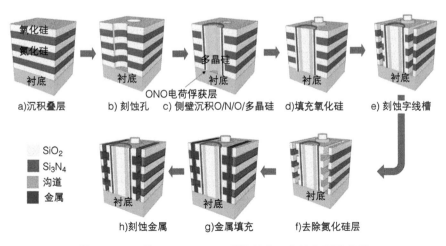

图 4.50 三维 NAND Flash 后栅制造工艺的典型流程图

在阵列的边缘是台阶状的字线接触区域，这个区域需要特别的制造过程。由于不同层字线要分别暴露出接触通孔，因此刻蚀需要在不同的台阶处停止。一种简单的方法是用不同的光刻掩模版图形化不同的台阶，但这会增加制造成本，导致比特成本不能等比例减小。而一种创造性的制造方法叫"光刻胶修整"方法，如图 4.51 所示，在整个台阶区域只进行一次光刻。先利用光刻形成了常规曝光和显影过程后光刻胶的形状，并利用光刻胶作为掩模先刻蚀出最上层台阶，并控制好刻蚀条件使之选择性地在第二层的表面停止。接着各向同性地修整光刻胶，并再次选择性刻蚀台阶至第三层。重复上述步骤直至所有台阶被制造出来，然后字线接触通孔就可以简单地通过刻蚀深孔到各级台阶区域来实现。这个方法的一个显著缺点是随着字线层数的增加，面积开销会增大。

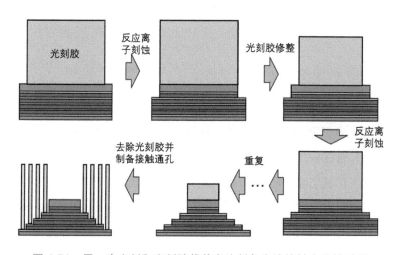

图 4.51　用一次光刻和光刻胶裁剪方法制备字线接触台阶的过程

因为深孔的直径放宽到了 60～120nm，3D NAND 制造的限制因素不再是先进光刻技术，而穿过数十层叠层且高达 60 倍深宽比的刻蚀技术成为了新的挑战，因为需要刻蚀出接近完美的 90° 的垂直侧壁。此外，原子层沉积（ALD）技术对于氧化物／氮化物／金属的保形生长，以及对包括狭缝刻蚀下方区域在内的侧壁的一致性覆盖至关重要。

4.7.4　第一代 3D NAND 芯片

自 2007 年工业界开始研发 3D NAND 技术以来，三星在 2014 年的 ISSCC[6] 上第一次推出了商用的 3D NAND 芯片，这款芯片存储容量为 128Gbit，分为两个存储容量为 64Gbit 的存储平面，每个存储平面分为 2732 个块，每个块又拥有 24 层字线、8kB 位线和 8 根串选通线，图 4.52 为该芯片的照片和 TEM 截面图。根据反向工程报告 [7]，从该芯片的顶视图看，六边形的垂直沟道柱分布在存储阵列的中心区域，台阶的字线接口分布在阵列边缘，栅堆叠层由多层氧化硅 / 氮化硅电荷俘获层、氮化钛和钨栅组成，沟道由多晶硅构成。

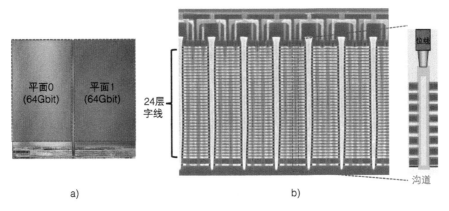

图 4.52　三星第一代 24 层 3D NAND 的芯片照片和 TEM 截面照片

相比于之前的 1x nm 2D NAND，第一代 3D NAND 的比特密度提高了 1.64 倍，写入带宽提高了 1.5 倍，存储单元的可靠性也大大提高。图 4.53a 为 3D NAND 和 2D NAND 阈值电压分布的对比，3D NAND 阈值电压的分布离散程度比 2D NAND 降低了 33%，单元间串扰导致的阈值电压漂移也降低了 84%。这些提升部分源于采用了电荷俘获型晶体管代替浮栅晶体管，但主要归因于栅面积的提升。如图 4.53b 所示，以 1x nm 2D NAND 为例，特征尺寸 $F = 19nm$，栅面积 $F^2 = 361nm^2$，而 3D NAND 的特征尺寸 $F = 120nm$，字线层高 $H = 30nm$，

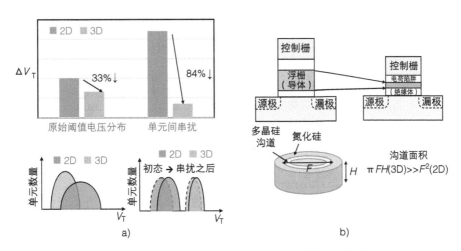

图 4.53　a）3D NAND 和 2D NAND 的阈值电压分布对比；
b）3D NAND 和 2D NAND 的沟道有效面积对比

栅面积为 $\pi FH = 3.14 \times 120\text{nm} \times 30\text{nm} = 11304\text{nm}^2$，是 2D NAND 栅面积的 30 多倍，相当于 100nm 节点 2D NAND 的栅面积。此外，3D NAND 中的电子数量减少问题和单元间串扰也被大大缓解。总而言之，3D NAND 的尺寸增大，使其可靠性大大提升。

4.7.5　3D NAND 的最新发展趋势

自 2014 年三星推出第一代 3D NAND 以后，其他厂商从 2016 年开始也陆续提供 3D NAND 技术，字线层数也迅速增加，从 24 到 48、72、96、144 甚至 176（截至 2020 年），图 4.54 为不同厂商生产的 3D NAND 字线层数增长趋势。美光、SK 海力士和铠侠在 2018 年前后提出了垂直沟道柱的双层堆叠技术，即在字线层增加至 72 ～ 96 层后，需要将垂直沟道柱的图形化分两次光刻进行。例如，美光的 176 层 3D NAND 技术先在硅衬底上制备 88 层 3D NAND 串，再在其上对准制备另外 88 层，之所以这么做是因为一次性进行多层高深宽比的刻蚀过于困难。当然双层堆叠的制造成本也不可避免地增加。在 128 层技术代，三星仍然采用非堆叠技术，而其他厂商都采用了双层堆叠技术，但三星预计在 176 层技术代也将采用双层堆叠技术。

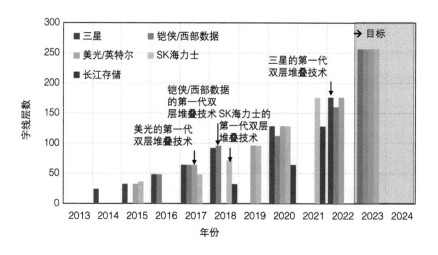

图 4.54　不同厂商 3D NAND 字线层数的增长趋势

提高集成密度的另外一条路径是在两比特单元的基础上进一步提升至三比特和四比特单元。表 4.2 和表 4.3 根据 ISSCC 2019—2021[8-14] 上各厂商的报告，分别总结了最近的三比特单元和四比特单元 3D NAND 发展。SK 海力士和铠侠提出的三比特单元 3D NAND 分别拥有单片 512Gbit 和 1Tbit 的存储容量，但在其他指标上差别不大。

表 4.2 ISSCC 报道的三比特单元 3D NAND 总结

三比特单元 3D NAND Flash 存储器			
	三星	SK 海力士	铠侠 / 西部数据
ISSCC 年份	2021	2021	2021
层数	>170	176	>170
单片容量	512Gbit	512Gbit	1Tbit
芯片尺寸 /mm²	60.2	47.4	98
存储密度 /（Gbit/mm²）	8.5	10.8	10.4
输入 / 输出带宽	2.0Gbit/s	1.6Gbit/s	2.0Gbit/s
编程吞吐量	184MB/s	168MB/s	160MB/s
编程延迟	350μs	380μs	400μs
读取延迟	40μs	50μs	50μs
平面数	4	4	4
CuA/PuC	是	是	是

表 4.3 ISSCC 报道的四比特单元 3D NAND 总结

四比特单元 3D NAND Flash 存储器				
	英特尔	三星	SK 海力士	铠侠 / 西部数据
ISSCC 年份	2021	2020	2020	2019
层数	144	92	96	96
单片容量	1Tbit	1Tbit	1Tbit	1.33Tbit
芯片尺寸 /mm²	74.0	136	122	158.4
存储密度 /（Gbit/mm²）	13.8	7.53	8.4	8.5
输入 / 输出带宽	1.2Gbit/s	1.2Gbit/s	800Mbit/s	800Mbit/s
编程吞吐量	40MB/s	18MB/s	30MB/s	9.3MB/s
编程延迟	1630μs	2ms	2.15ms	3380μs
平均读取延迟	85μs	110μs	170μs	160μs
平面数	4	2	4	2
CuA/PuC	是	否	是	否

英特尔更早地专注于四比特单元 NAND 的制造，并且从 144 层四比特单元 NAND 开始不再与美光合作，同时英特尔的技术在很多方面都与众不同。在 144 层的 3D NAND 芯片上，英特尔采用了 48+48+48 三层堆叠而非 72+72 双层堆叠，这是因为英特尔在 96 层四比特单元技术代 [15] 就采用了 48+48 双层堆叠，因此可以重复相同的沉积、刻蚀和填充步骤。虽然这增加了制造成本，但可以更好地控制堆叠层沟道和单元尺寸的工艺波动，这对于四比特单元和浮栅晶体管来说可能更加重要。

英特尔和美光共同研发的 3D NAND（2015～2019 年）最主要的创新是阵列下 CMOS（CuA）⊖。如图 4.55a 所示，CuA 技术将 NAND 芯片的页缓存、灵敏放大器、电荷泵等大部分外围电路放在垂直堆叠的存储单元下方而非旁边。需要注意的是，CuA 技术仍然采用单片3D 制造工艺，在相同的衬底上依次制备 CMOS 和 NAND。作为一家新的 3D NAND 厂商，长江存储则致力于用 X-stacking 技术将 NAND 芯片和 CMOS 芯片混合键合起来，如图 4.55b所示。

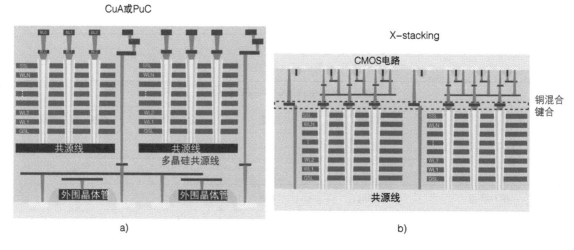

图 4.55　a）采用阵列下 CMOS（CuA）技术的 3D NAND；
b）采用 3D NAND 芯片和 CMOS 芯片混合键合的 X-stacking 技术

未来，多层堆叠（如三层或四层堆叠）、多比特存储（从三比特存储到五比特存储）、CuA 和混合键合等技术可能会结合在一起，共同推动 3D NAND 的发展和集成密度的提高。

⊖　CuA 也被一些厂商称为"单元下外围电路"（PuC）技术。

参 考 文 献

[1] F. Masuoka, M. Asano, H. Iwahashi, T. Komuro, S. Tanaka, "A new flash E²PROM cell using triple polysilicon technology," *IEEE International Electron Devices Meeting (IEDM)*, 1984, pp. 464–467. doi: 10.1109/IEDM.1984.190752

[2] F. Masuoka, M. Momodomi, Y. Iwata, R. Shirota, "New ultra high density EPROM and flash EEPROM with NAND structure cell," *IEEE International Electron Devices Meeting (IEDM)*, 1987, pp. 552–555. doi: 10.1109/IEDM.1987.191485

[3] H.-T. Lue, T.-H. Hsu, Y.-H. Hsiao, S.P. Hong, M.T. Wu, F.H. Hsu, N.Z. Lien, et al., "A highly scalable 8-layer 3D vertical-gate (VG) TFT NAND flash using junction-free buried channel BE-SONOS device," *IEEE Symposium on VLSI Technology*, 2010, pp. 131–132. doi: 10.1109/VLSIT.2010.5556199

[4] H. Tanaka, M. Kido, K. Yahashi, M. Oomura, R. Katsumata, M. Kito, Y. Fukuzumi, et al., "Bit cost scalable technology with punch and plug process for ultra high density flash memory," *IEEE Symposium on VLSI Technology*, 2007, pp. 14–15. doi: 10.1109/VLSIT.2007.4339708

[5] J. Jang, H.-S. Kim, W. Cho, H. Cho, J. Kim, S.I. Shim, J.-H. Jeong, et al., "Vertical cell array using TCAT (Terabit Cell Array Transistor) technology for ultra high density NAND flash memory," *IEEE Symposium on VLSI Technology*, 2009, pp. 192–193.

[6] K.-T. Park, J.-M. Han, D. Kim, S. Nam, K. Choi, M.-S. Kim, P. Kwak, et al., "Three-dimensional 128Gb MLC vertical NAND Flash-memory with 24-WL stacked layers and 50MB/s high-speed programming," *IEEE International Solid-State Circuits Conference (ISSCC)*, 2014, pp. 334–335. doi: 10.1109/ISSCC.2014.6757458

[7] Reverse engineering report on Samsung's 1st generation 3D NAND chip (by ChipWorks), http://chipworksrealchips.blogspot.com/2014/08/the-second-shoe-drops-now-we-have.html

[8] J. Cho, D.C. Kang, J. Park, S.-W. Nam, J.-H. Song, B.-K. Jung, et al., "A 512Gb 3b/cell 7th-generation 3D-NAND Flash memory with 184MB/s write throughput and 2.0Gb/s interface," *IEEE International Solid-State Circuits Conference (ISSCC)*, 2021, pp. 426–428. doi: 10.1109/ISSCC42613.2021.9366054

[9] J.-W. Park, D. Kim, S. Ok, J. Park, T. Kwon, H. Lee, S. Lim, et al., "A 176-stacked 512Gb 3b/cell 3D-NAND Flash with 10.8Gb/mm² density with a peripheral circuit under cell array architecture," *IEEE International Solid-State Circuits Conference (ISSCC)*, 2021, pp. 422–423. doi: 10.1109/ISSCC42613.2021.9365809

[10] T. Higuchi, T. Kodama, K. Kato, R. Fukuda, N. Tokiwa, M. Abe, T. Takagiwa, et al., "A 1Tb 3b/cell 3D-Flash memory in a 170+ word-line-layer technology," *IEEE International Solid-State Circuits Conference (ISSCC)*, 2021, pp. 428–430. doi: 10.1109/ISSCC42613.2021.9366003

[11] A. Khakifirooz, S. Balasubrahmanyam, R. Fastow, K.H. Gaewsky, C.W. Ha, R. Haque, et al., "A 1Tb 4b/cell 144-tier floating-gate 3D-NAND Flash memory with 40MB/s program throughput and 13.8Gb/mm² bit density," *IEEE International Solid-State Circuits Conference (ISSCC)*, 2021, pp. 424–426. doi: 10.1109/ISSCC42613.2021.9365777

[12] D. Kim, H. Kim, S. Yun, Y. Song, J. Kim, S.-M. Joe, K.-H. Kang, J. Jang, et al., "A 1Tb 4b/cell NAND Flash memory with t_{PROG}=2ms, t_R=110μs and 1.2Gb/s high-speed IO rate," *IEEE International Solid-State Circuits Conference (ISSCC)*, 2020, pp. 218–220. doi: 10.1109/ISSCC19947.2020.9063053

[13] H. Huh, W. Cho, J. Lee, Y. Noh, Y. Park, S. Ok, J. Kim, K. Cho, et al., "A 1Tb 4b/cell 96-stacked-WL 3D NAND Flash memory with 30MB/s program throughput using

peripheral circuit under memory cell array technique," *IEEE International Solid-State Circuits Conference (ISSCC)*, 2020, pp. 220–221. doi: 10.1109/ISSCC19947.2020. 9063117

[14] N. Shibata, K. Kanda, T. Shimizu, J. Nakai, O. Nagao, N. Kobayashi, M. Miakashi, Y. Nagadomi, T. Nakano, et al., "A 1.33Tb 4-bit/cell 3D-Flash memory on a 96-word-line-layer technology," *IEEE International Solid-State Circuits Conference (ISSCC)*, 2019, pp. 210–212. doi: 10.1109/ISSCC.2019.8662443

[15] P. Kalavade, "4 bits/cell 96 layer floating gate 3D NAND with CMOS under array technology and SSDs," *IEEE International Memory Workshop (IMW)*, 2020, pp. 1–4. doi: 10.1109/IMW48823.2020.9108135

第 5 章

新型非易失性存储器

5.1 新型非易失性存储器概述

5.1.1 新型非易失性存储器总览

虽然主流存储技术（SRAM、DRAM 和 Flash）仍然主导着当今市场，但是新型非易失性存储器（emerging Non-Volatile Memory，eNVM）技术自 2010 年以来已经在研发中取得了重要进展。图 5.1 展示了一种简单的存储技术分类方法。其中有两点值得关注。其一，主流存储技术均使用基于电荷的存储器。例如，SRAM 通过交叉耦合反相器存储节点的寄生电容来存储电荷，DRAM 通过 3D 圆柱形电容来存储电荷，而 Flash 则通过浮栅或者电荷俘获层来存储电荷。其二，新型存储技术可以分为两种类型，一种是电阻式存储器[⊖]，另一种则是电容式存储器。

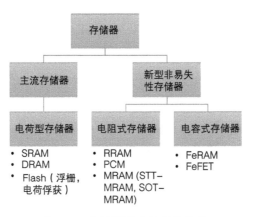

图 5.1　存储器技术的简单分类

⊖　在一些文献中，它也被称为忆阻器。

电阻式存储器包括相变存储器（Phase Change Memory，PCM）、阻变随机存取存储器（Resistive Random Access Memory，RRAM）、自旋转移力矩型磁存储器（Spin-Transfer-Torque Magnetic Random Access Memory, STT-MRAM）和自旋轨道力矩型磁存储器（Spin-Orbit-Torque Magnetic Random Access Memory, SOT-MRAM）。这些电阻式存储器都有一些共同的特性：均为非易失性双端器件⊖，并且以一种在高电阻状态（High Resistance State,HRS或关态）和低电阻状态（Low Resistance State，LRS 或开态）之间转变的方式来改变自身的存储状态。从关态到开态的转变过程称为"set"，而从开态向关态的转变过程称为"reset"。两种状态之间的转变可以由电刺激来触发（如电压或电流脉冲）。但是，它们在转变过程中的具体物理机制则大不相同：PCM 依靠硫族化合物材料在晶相（对应 LRS）和非晶相（对应 HRS）之间的转变；RRAM 依靠两个电极间绝缘层中导电细丝的形成（对应 LRS）和断裂（对应 HRS）的变化；而 MRAM 依靠由隧穿绝缘薄层分隔的两个铁磁层的平行磁化方向（对应 LRS）和反平行磁化方向（对应 LRS）的转变。

电容式存储器主要为铁电存储器（Ferroelectronic Random Access Memory, FeRAM），其中铁电材料自发极化的不同极性被用于表示不同的存储状态，一般表现为器件中电容值的变化⊖。铁电存储器使用一种类似于 DRAM 的 1T1C 单元，在读取时，具有不同极化状态的铁电电容将会产生不同数量的电荷。铁电场效应晶体管（Ferroelectronic Field Effect Transistor, Fe-FET）将铁电层集成到栅叠层中，具有不同极化状态的铁电电容会促进或抑制其下方导电沟道的产生，从而改变阈值电压（与 Flash 晶体管类似）。

表 5.1 展示了主流电荷型存储器和 eNVM 关键特性的对比。大多数 eNVM 具有从 $4F^2$ 到 $100F^2$ 不等的单元面积。部分 eNVM 可多比特存储，例如，每个单元存储 2 ~ 3bit 的数据。SRAM 和 DRAM 具有较低的操作电压（<1V），而 Flash 具有较高的写入电压（>10V）。一般而言，eNVM 具有适中的写入电压（2 ~ 3V），但 MRAM 是一个例外（<1V）。适中的写入电压减少了大规模电荷泵电路的开支，但是对 eNVM 而言，某些类型的电平转换器仍然是必须的，这是因为 2 ~ 3V 的电压仍然高于逻辑电源电压。对于存取速度而言，SRAM 具有最快的、难以企及的速度。eNVM 的读写时间一般能达到 10ns 左右，与 NOR Flash 的读取时间相当，但写入操作则比后者快得多。eNVM 难以实现亚纳秒的写入操作，但是如果经过优化，或许能够达到 DRAM 水平的几纳秒的时间。另外，对于 eNVM 的保持能力和耐久度而言，它们之间存在折中关系。典型的持续数年的数据保持能力是有可能实现的，但是对

⊖ SOT-MRAM 是一种三端器件。

⊖ 对于存储器，电容是在大信号摆幅的背景下操作。不应将其称为交流激励下的小信号电容。

大多数 eNVM 而言，其耐久性将被限制在 $10^6 \sim 10^9$ 个周期。对于 MRAM，如果适当降低对数据保持能力的要求，则可以实现 $10^{12} \sim 10^{14}$ 个周期的耐久度。除此之外，对于单元层级的写入能耗而言，SRAM 由于存储节点只有 fF 以内的寄生电容，因此具有极低的充电 / 放电能耗（~fJ）。DRAM 充电 / 放电能耗更高，因为其需要约 10fJ 的能量对电容充电以维持足够的检测容限。NOR Flash 具有很高的写入能耗（>100pJ），这是由于其沟道热电子编程效率低，而 NAND Flash 由于电场驱动 F-N 隧穿机制（但仍然需要很长的编程 / 擦除时间），因此具有相对较低的写入能耗。PCM 具有相对高的写入能量（>10pJ），因为其需要升温以熔化材料。RRAM 和 MRAM 由于是电流驱动的转换机制，写入能量相对适中（~pJ）。FeRAM 具有比 DRAM 稍高的能耗，因为其除了充电 / 放电效应外，还额外需要翻转极化状态。FeFET 在所有的 eNVM 中具有最低的写入能量（~pJ）且接近了 SRAM 的水平，因为它完全依靠电场驱动，并且翻转速度也相对较快（<100ns）。

表 5.1　主流电荷型存储器和 eNVM 关键特性的对比

| | 主流电荷型存储器 | | | | eNVM | | | | | |
| | SRAM | DRAM | Flash | | PCM | RRAM | STT-MRAM | SOT-MRAM | FeRAM | FeFET |
			NOR	NAND						
单元面积	$>150F^2$	$6F^2$	$10F^2$	$<4F^2$ (3D)	$4 \sim 50F^2$	$4 \sim 50F^2$	$6 \sim 50F^2$	$12 \sim 100F^2$	$6 \sim 50F^2$	$6 \sim 50F^2$
多比特存储	1	1	2	$3 \sim 4$	$2 \sim 3$	$2 \sim 3$	1	1	1	$2 \sim 3$
操作电压	<1V	<1V	>10V	>10V	<3V	<3V	<1V	<1V	<2V	<3V
读取时间	~1ns	~10ns	~50ns	~10μs	<10ns	<10ns	<10ns	~1ns	<100ns	<50ns
写入时间	~1ns	~10ns	10 μs–1ms	100 μs–1 ms	~50ns	<100ns	<20ns	<3ns	<100ns	<100ns
保持能力	无	~64ms	>10 年	>10 年	>10 年	>10 年	>1 年	>1 年	>10 年	>1 年
耐久性	$>10^{16}$	$>10^{16}$	$\sim 10^5$	$10^3 \sim 10^4$	$10^6 \sim 10^9$	$10^3 \sim 10^9$	$10^6 \sim 10^{14}$	$\sim 10^{12}$	$10^9 \sim 10^{12}$	$10^6 \sim 10^9$
写入能耗	~fJ/bit	~10fJ/bit	100J/bit	~10fJ/bit	~10pJ/bit	~pJ/bit	~pJ/bit	~pJ/bit	~100fJ/bit	~fJ/bit

F：光刻特征尺寸。

该能耗是基于单元级估算的，而非阵列级。

通过 3D 集成，PCM/RRAM/FeFET 理论上可以实现小于 $4F^2$ 的单元面积。

本表中的数据是典型值，而非最优或最坏情形下的值。

图 5.2 和图 5.3 分别从存储容量（以 Mbit 表示）和存储密度（以 Mbit/mm²）两个方面展示了最近 eNVM 芯片的趋势（根据主流会议报道）。最新的 eNVM 的容量和密度的水平仍然处在 SRAM 和 DRAM 之间，而 3D NAND 显然同时是容量和密度两个赛道的"赢家"。对于 eNVM 而言，要在每比特的成本上和 3D NAND 竞争，还是一件非常具有挑战性的事情。而在容量或者密度上，eNVM 显然优于 SRAM。然而，要想比 DRAM 更具有竞争性，则 eNVM 的 3D 集成是必需的。

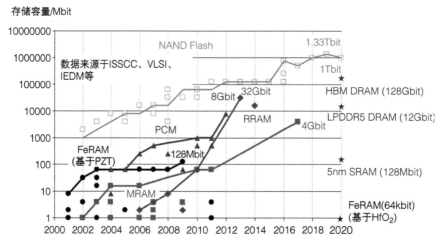

图 5.2 eNVM 原型芯片容量的发展趋势（单位 Mbit），
同时画出了 NAND Flash / DRAM / SRAM 作为比较

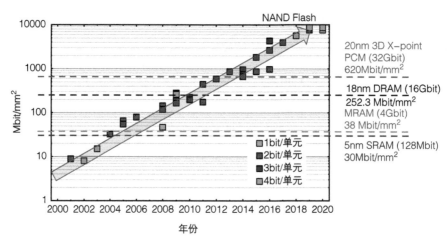

图 5.3 NAND Flash 存储密度的最近发展趋势（单位 Mbit/mm²）。
同时画出了 SRAM/DRAM 和 MRAM/PCM（截至 2020 年）作为比较

图 5.4 从读取带宽和写入带宽（以 MB/s 和 GB/s 表示）方面展示了最近 eNVM 芯片的趋势。eNVM 总体而言在读写带宽上要优于 NOR/NAND Flash 数倍到 10 倍左右，但同时也显著落后于 DRAM 系列（DDR5、LPDDR5、GDDR6、HBM3 等）。

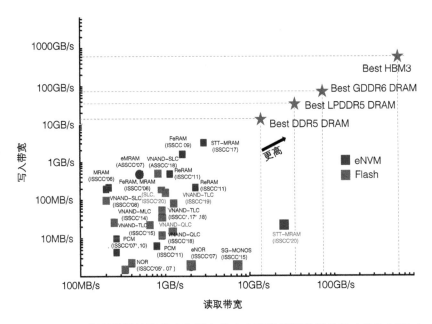

图 5.4　eNVM 原型芯片读取带宽和写入带宽方面的最近发展趋势（单位 MB/s）。
同时画出了具有不同接口协议的 NAND 和 DRAM 作为比较

综上所述，显然没有能够同时满足所有需求的通用存储器。考虑到所有的优势和劣势，eNVM 的应用场景主要在于嵌入式存储器（而不是独立式存储器），包括：①将微控制器中的 NOR Flash 替换为嵌入式 eNVM（尤其是在 28nm 以下的先进工艺节点），且各种类型的 eNVM 都是该应用场景的有力备选；②替换末级缓存的 eDRAM，考虑到对耐久性的需求，STT-MRAM（如果得到良好的优化）和 SOT-MRAM 是首选；③为存算一体（将在 5.6 节中讨论）赋能数据存储之外的新应用场景。总而言之，诸如 SRAM、DRAM 和 NAND Flash 的主流技术无论是从性能表现还是每比特的成本来说，在存储器层级中仍然是无法取代的。

5.1.2　1T1R 阵列

尽管 FeRAM 和 FeFET 遵循类似于 DRAM 和 Flash 的集成准则，但电阻式存储器（PCM、RRAM 和 STT-MRAM）需要新的集成方法，因为它们实质上是双端可变电阻。为了将这些电阻式存储器集成到存储阵列中，我们有两种阵列结构。第一种是由一个晶体管和一个电阻

（1T1R）单元构成的阵列，其中每个 eNVM 单元与一个单元选通晶体管串联，第二种是不含晶体管的交叉阵列（将在 5.1.3 节中讨论）。

图 5.5 展示了 1T1R 阵列结构和比特单元的结构。图 5.5a ~ c 分别展示了 set/reset/ 读取三种操作，选中单元将被其 WL 激活，同时 BL/SL/BL 分别被偏置在 set 电压 /reset 电压 / 读取电压。在双极切换器件（也就是 RRAM 和 STT-MRAM）中，BL 和 SL 的角色将会互换，需要不同的电压极性用于 set 或 reset。如图 5.5d 所示，电阻式存储器被集成在晶体管的一个接触通孔处，位于两个金属层之间。集成位置可以在较低的 M1 与 M2 的通孔处，也可以在较高的 M5 与 M6 的通孔处。在较低金属层位置集成可以减少单元版图面积，而在较高金属层位置集成可以减少后端工艺（BEOL）的复杂性。加入选通晶体管可以将选中单元与阵列中其他未选中单元隔离开。WL 控制晶体管的栅极，因此，调节 WL 的电压可以控制通过 eNVM 单元的写入电流。eNVM 单元的顶部电极与 BL 相连，同时底部电极与晶体管漏极接触的通孔相连。SL 与晶体管的源极相连。一般地，BL 和 SL 互相平行，且垂直于 WL。实际情形下 SL 接触可以由两个相邻的单元共享。本质上来说，1T1R 阵列与 DRAM 中的 1T1C 阵列类似，只是把电容换成了电阻。

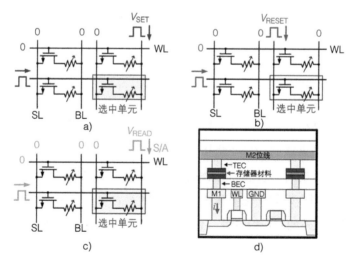

图 5.5 1T1R 比特单元结构和相应的阵列结构：a ~ c）分别为 set/reset/ 读取操作偏压；d）展示出电阻式存储器集成在金属层之间且连在晶体管的一个接触通孔处的截面示意图

在晶体管的栅宽长比（W/L）为 1 时，1T1R 阵列单元的典型面积约为 $10F^2$（F 是光刻特征尺寸）。如果采用共享 BL 和 SL 的无边界 DRAM 设计规则，则最小的单元面积可以被减小到 $6F^2$。实际中，单元面积为 $10 \sim 50F^2$，因为需要增加晶体管的宽长比（W/L）来提供足够的写入电流。图 5.6 展示了 PCM/RRAM/STT-MRAM 写入电流和逻辑晶体管驱动能力与尺寸关系的相关数据[1]。该图显示，PCM 和 STT-MRAM 的写入电流需求随工艺节点而变化；然而，它们的写入电流仍然高于现在具有较大尺寸的 $W/L=3$ 的逻辑晶体管。尽管 RRAM 由于不同堆叠材料的选择展现出分布较广的写入电流，但是绝大多数小尺寸单元的选通晶体管也需要拥有较大尺寸的 W/L。

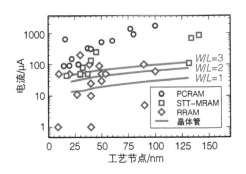

图 5.6　PCM/RRAM/STT-MRAM 写入电流和逻辑晶体管的
驱动能力与尺寸关系的统计数据

5.1.3　交叉阵列和选通器

另一种经常使用的阵列结构是交叉阵列（X-point、crossbar），它由彼此垂直的行和列组成，eNVM 被夹在每个行与列的交叉点处，不需要使用选通晶体管。交叉阵列理论上可以达到 $4F^2$ 的单元面积，因此，它具有比 1T1R 阵列更高的集成密度。一般地，需要与 eNVM 串联一个具有高度 I-V 非线性的选通器，用于避免阵列中单元间的交叉串扰和各类干扰，因而该单元结构又被称为"1 选通器 1 电阻"（one-selector and one-resistor，1S1R）结构，如图 5.7 所示。1S1R 阵列适合 PCM 和 RRAM，但是并不适合 STT-MRAM，因为考虑到电压降和漏电流，MRAM 较小的开关比将导致其无法被正确读出。图 5.8 展示了 1S1R 单元的 I-V 特性以及 I-V 非线性的典型定义，非线性被定义为开态或 LRS 下施加写入电压和写入电压的一半时的电流比值。

交叉阵列可以采用两种常用的写入方法（"$V/2$"方法和"$V/3$"方法）。图 5.9a 展示了"$V/2$"方法的电压偏置条件。在"$V/2$"方法中，对于 set 操作，选中单元的 WL 和 BL 分别被偏置到写入电压 V_w 和接地。对于 reset 操作，为切换两种极性，将 WL 和 BL 上的偏置条件互换即可。在 set 和 reset 操作中，所有未选中 WL 和 BL 全部偏置到 $V_w/2$。因此，忽略导线电阻的影响，那么只有选中单元才能接收到完整的 V_w，而选中 WL 或选中 BL 上的其他单元只能被加 V_w 的一半，其他未选中单元则被施加零电压。这里假设了 $V_w/2$ 不会对半选中

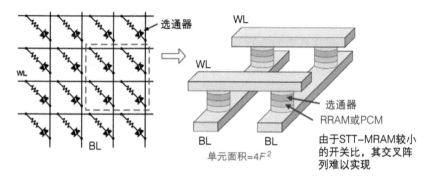

图 5.7　1S1R 结构的交叉阵列

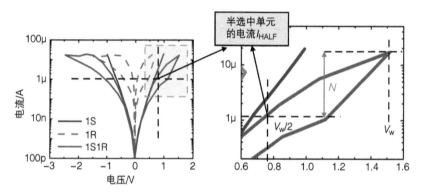

对于 $V/2$ 方法，非线性度 N＝施加 V_w 时的电流/施加 $V_w/2$ 时的电流

图 5.8　1S1R 单元的 I-V 特性示例以及 $V/2$ 方法中 I-V 非线性的典型定义

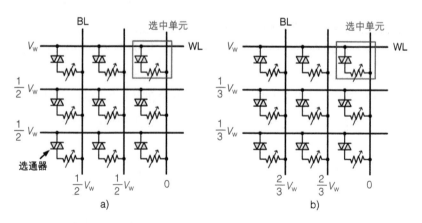

图 5.9　交叉阵列的写入方法：a）$V/2$ 方法的偏压条件；b）$V/3$ 方法的偏压条件

单元的电阻值造成干扰。图 5.9b 展示了 "$V/3$" 方法的电压偏置条件。在 "$V/3$" 方法中，对于 set 操作，选中单元的 WL 和 BL 分别被偏置到 V_w 和接地。对于 reset 操作，为切换两种极性，将 WL 和 BL 上的偏置条件互换即可。在 set 操作中，未选中的 WL 和 BL 分别被偏置到 $1/3V_w$ 和 $2/3V_w$。在 reset 过程中，未选中的 WL 和 BL 分别被偏置到 $2/3V_w$ 和 $1/3V_w$。这样，选中单元被施加了 V_w，而其他所有未选中单元只被施加了 $1/3V_w$ 的电压。这里，假设条件可以被放宽到 $1/3V_w$ 不会对未选中单元的电阻值造成干扰。两种方法的优势和劣势总结如下："$V/2$" 方法一般具有比 "$V/3$" 方法更低的功耗。这是因为在 "$V/2$" 方法中，多数未选中单元（其 WL 和 BL 都未被选中）施加了零电压，而 "$V/3$" 方法中所有未选中单元都施加了 $1/3V_w$ 电压，因而在选通器的 I-V 非线性不足够的情况下，写入过程会引入更多的漏电功耗。另一方面，"$V/3$" 方法比 "$V/2$" 方法具有更好的抗写干扰能力，因为 "$V/3$" 方法中未选中单元最大能接收的电压是 $1/3V_w$，而在 "$V/2$" 方法中是 $1/2V_w$。通过在 set 或 reset 操作中将多条 BL 或 WL 接地，可以实现基于 "$V/2$" 或 "$V/3$" 方法的交叉阵列多位并行写入。多位并行写入的代价是每一行（列）需要更大的驱动器尺寸，因为除了流经未选中单元的漏电流外，它还需要将电流输送到更多的选中单元上。

交叉阵列面临着两个众所周知的设计挑战：①沿互连线的线阻压降问题和②流经未选中单元的旁路串扰电流问题，如图 5.10a 所示。当 WL 和 BL 的线宽缩小到亚 50nm 范围时，电子表面散射增强，使得互连线的电阻急剧增加，因而线阻压降问题变得十分显著。例如，在 20nm 节点，两个相邻单元间的铜互连电阻达到了约 2.93 Ω，因此大规模阵列（如 1024×1024 阵列）中沿导线的线阻压降问题将不能被忽视，这时从驱动器到最远的单元间的

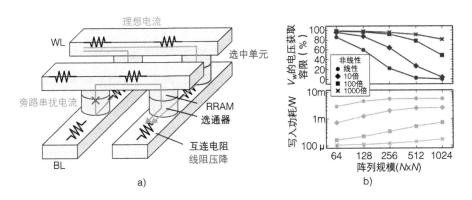

图 5.10　a）交叉阵列的设计挑战：①沿互连线的线阻压降问题和②流经未选中单元的旁路串扰电流问题。b）对于不同的非线性度（N），写入电压能施加在选中单元上的比例（对于离驱动器最远的单元）和写入功率（对于整个阵列而言）作为交叉阵列规模的函数的仿真结果

互连电阻可以达到约 3kΩ。如果 eNVM 单元的低阻态阻值（一般在几千欧到几万欧之间）与互连电阻相当，那么写入电压的相当一部分将会降落在导线上，而不是 eNVM 单元上。为了保证写入操作顺利进行，驱动器提供的写入电压必须增大至超过 eNVM 单元实际的转变电压，从而补偿线阻压降。但是，写入电压也不能增加太多，因为 $1/2V_w$（在"$V/2$"方法中）要求不能扰动离驱动器较近的 eNVM 的阻值。

旁路串扰电流问题与线阻压降问题相关联。以"$V/2$"方法为例，沿着 WL 和 BL 的半选中单元形成了写入操作中的潜行漏电旁路。这种潜行旁路的漏电流导致了额外的电流，从而进一步地减小了写入电压的窗口。同时，旁路串扰电流问题增加了位于交叉阵列边缘处的驱动晶体管的电流需求，同时也增加了写入功耗。因此增加低阻态阻值（或者等效地减小写入电流）并增加 eNVM 单元的 I-V 非线性（需要串联选通器）将有助于尽可能减小线阻压降和旁路串扰电流问题。

为了展示在交叉阵列中引入选通器的优势，我们在 20nm 节点下，使用"$V/2$"方法并考虑互连电阻和串扰电流情形，进行了阵列级仿真 [1]。假定 eNVM 单元具有 40kΩ 的低阻态阻值，对于写入电压衰减问题，最坏情况下的数据模式为所有的单元均处于低阻态。选通器的非线性度"N"定义为 V_w 和 $V_w/2$ 之间的电流比。写入电压获取容限定义为选中单元上的电压与外围电路施加电压的比值。图 5.10b 展示了由 SPICE 仿真得到的写入电压获取容限（从驱动器到最远的单元）和写入功耗（整个阵列）与交叉阵列规模"N"的关系。可以看到，对于大阵列（如 1024×1024 阵列）而言，为了维持足够的写入电压获取容限并尽量减小写入功耗，这里至少需要 $N > 1000$。

针对交叉阵列有两种常见的读取方式，分别是电流感应和电压感应，如图 5.11 所示。对于电流感应，选中行被偏置到读取电压 V_R，而所有其他未选中行被偏置到 0。所有选中列连接到灵敏放大器的输入，并虚拟接地，而剩余未选择的列则在被关闭的 MUX 的作用下处于悬空状态。对于电压感应，选中行被偏置到 0，未选中行的电压被偏置到 V_R。所有选中列在读取电压 V_R 下被预充电，而剩余未选中列则在关闭的 MUX 作用下悬空。因此，如果忽略导线电阻，只有选择中行和列的单元才能接收完整的读取电压，其他所有未选中单元将被施加零电压。选中单元可以被一组灵敏放大器并行读取。

接下来，我们用电压感应方式来展示读取操作中的旁路串扰电流问题。为了正确评估读取容限，我们把读取 HRS "0"和 LRS "1"两个例子下的最坏情形都考虑进来。如图 5.12a 所示，在读取"1"的过程中，最坏情形是所有单元都位于低阻态。在读取操作中，BL 电压在选中单元的电流的作用下从预充电 V_R 降低，来自被偏置到 V_R 的未选中行的串扰电流会阻

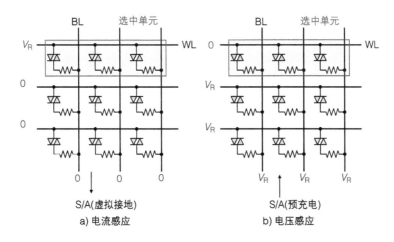

图 5.11 交叉阵列的读取方法：a）电流感应；b）电压感应

碍读取过程，因为它会给 BL 充电，阻止 BL 进一步下降。因此，最坏情形发生在距离灵敏放大器最远的单元，因为这时 BL 上的电压会降低，导致被读取的单元的电流减小。如图 5.12b 所示，在读取"0"的过程中，最坏情形是所有单元都位于高阻态且被读取的单元最接近灵敏放大器，因为这时 BL 接收到的串扰电流最少，从而使得 BL 保持高电压，而当正在读取的单元距离灵敏放大器最近时，由于导线中的电阻导致电压降最小，这使得它成为了最大的电流，助长了 BL 不希望的衰减。

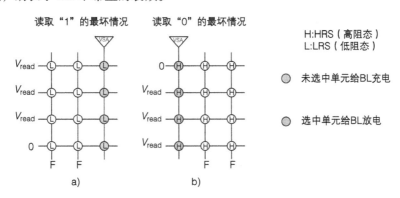

图 5.12 基于电压模式灵敏放大器的交叉阵列在读取操作中偏压条件的示意图：
a）读取 LRS "1" 的最坏情况；b）读取 HRS "0" 的最坏情况

未选中列的悬空特性加剧了旁路串扰电流问题，因为串扰电流能够随机流动，流动的方向取决于具体的数据分布。增加选通器是抑制旁路串扰电流的一种有效解决方式，因为选通器展现出非线性的 *I-V* 特性，当未选中单元被施加低电压时，这一特性允许选通器抑制不需要的电流。与上面写入获取容限的分析类似，为了确定不同尺寸阵列中非线性和感应延迟的关系，在 20nm 节点考虑互连电阻的情形下进行了交叉阵列的 SPICE 仿真[2]，这里假定了 HRS = 1MΩ、LRS = 40kΩ。在仿真中，作为成功感应的判据，最坏情形下读取"1"和"0"之间的最小电压差被设定为 200mV。如果在一定的 BL 电压建立时间内可以达到该最小电压差，则可以在中间设定一个特定的参考电压以区分两种状态，此时阵列被认为是可正确读取的。如果不能达到该最小电压差，则认为阵列不可正确读取。图 5.13 显示了在 10 ~ 1000 的不同非线性度 N 下，在不同阵列尺寸中达到该最小电压差的 BL 电压建立时间（N/A 表示无法实现）。图示表明，当非线性为 10 时，即使对于较小的 64 × 64 阵列尺寸，都不能产生 200mV 的 BL 电压差。对于固定的阵列大小，较大的非线性将有助于更快地建立最小电压差，从而使读取操作更快。对于固定的非线性，当阵列尺寸变大时，需要更多的时间来建立最小电压差；在这种情况下，读取操作将变慢。

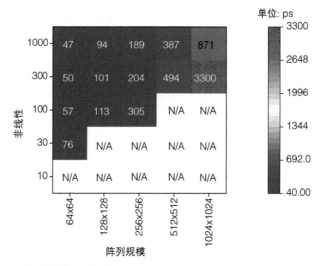

图 5.13　不同阵列规模和选通器非线性下 BL 电压建立时间的仿真结果（单位 ps）

图 5.14 展示了一种简化的选通器技术分类方式示意图。PN 二极管是具备 I-V 整流功能的单向选通器，因此只适用于 PCM。对 PCM 和 RRAM 有两种类型的双向选通器：具有指数 I-V 特性的选通器和具有阈值转变 I-V 特性的选通器。图 5.15a、b 分别展示了一个集成了指数 I-V 选通器的双极 RRAM 和一个集成了阈值转变 I-V 选通器的双极 RRAM 的典型 I-V 特性。选通器性能的度量标准包括：①非线性度（N），其定义为 V_w 和 $V_w/2$ 之间的电流比值，这将决定抑制旁路串扰电流的效果（对 1024 × 1024 的阵列，一般需要 $N > 1000$）；②驱动电流密度（为了在 20nm 节点驱动 50μA 的写入电流，一般驱动电流密度需要 >12.5MA/cm²）；③循环耐久性（因为每次读取操作也会对选通器进行一次打开和关闭的循环操作，因此循环耐久性一般需要 >10^{12}）。

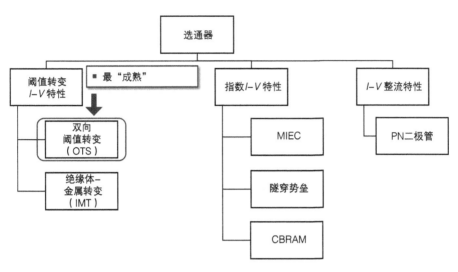

图 5.14 选通器技术的简单分类

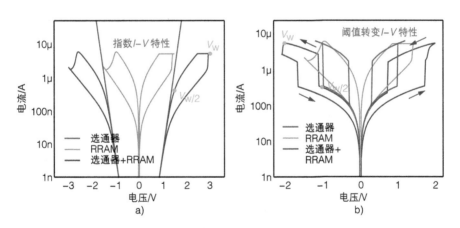

图 5.15 a）具有指数 I–V 选通器的双极 RRAM 和

b）具有阈值转变 I–V 选通器的双极 RRAM 的代表性 I–V 特性

表 5.2 调研了文献中展示的有代表性的选通器器件。展现出指数 I-V 曲线的选通器一般依赖于隧穿机制，具体的实现方式是利用氧化层 / 电极界面工程或氧化层 / 氧化层禁带工程来调制载流子输运机制。这样的例子包括 Ni/TiO$_2$/Ni 选通器 [3]、Pt/TaO$_x$/TiO$_2$/TaO$_x$/Pt 选通器 [4]、TiN/非晶硅 /TiN 选通器 [5] 以及 Ru/TaO$_x$/W 双向选通器 [6] 等。此外，在含铜的离子 - 电子混合传导（MIEC）材料中，铜离子的迁移也展现出了优良的双向指数 I-V 特性 [7]，从而可以应用于双极阻变的 RRAM。

表 5.2　文献中展示的有代表性的选通器器件

类型	材料堆叠	电压范围	电流驱动能力	非线性	耐久性	参考文献
指数 *I-V* 特性	Ni/TiO₂/Ni	$-4 \sim +4V$	$0.1MA/cm^2$	10^3	$>10^6$	IEDM 2011
	Pt/TaOₓ/TiO₂/TaOₓ/Pt	$-2.5 \sim +2.5V$	$32MA/cm^2$	10^4	$>10^{10}$	VLSI 2012
	TiN/ 非晶硅 /TiN	$-3 \sim +3V$	$1MA/cm^2$	1.5×10^3	$>10^6$	IEDM 2014
	Ru/TaOₓ/W	$-4 \sim +2.5V$	$1MA/cm^2$	5×10^4	$>10^{10}$	IEDM 2016
	MIEC	$-1.6 \sim +1.6V$	$50MA/cm^2$	10^4	N/A	IEDM 2012
阈值转变 *I-V* 特性	TiN/NbO₂/W (IMT)	$0.9 \sim 1V$	$10MA/cm^2$	50	N/A	IEDM 2015
	TeAsGeSiSe 基 OTS	$1.5 \sim 2V$	$11MA/cm^2$	10^3	10^8	IEDM 2012
	SiTe 基 OTS	$0.6 \sim 0.9V$	$10MA/cm^2$	10^6	5×10^5	VLSI 2016
	FAST (CBRAM)	$0.1 \sim 0.9V$	$5MA/cm^2$	10^7	10^8	IEDM 2014
	Cu/ 掺杂 HfO₂/ Pt(CBRAM)	$0.05 \sim 0.4V$	$4.1MA/cm^2$	10^7	10^{10}	IEDM 2015

注：对于指数 *I-V* 特性的选通器，电压范围指测量电流密度时的最大电压，对于阈值转变 *I-V* 特性的选通器，电压范围指保持电压和阈值电压。

　　具有突变阈值转变特性的选通器展现出 *I-V* 电滞效应，可以使得选通器在阈值电压以上开启，并在保持电压以下关闭。这种阈值转变特性主要在诸如 NbO₂ 的绝缘体 - 金属转变（IMT）材料中观测到 [8]。基于 IMT 的阈值转变选通器的缺点是非线性度相对较小，通常 $N < 100$。除了 IMT 材料外，基于掺杂硫族化合物材料的双向阈值转变（OTS）材料 [9] 已被证明是一种很有前景的阈值转变选通器。OTS 的例子包括复杂的硫系化合物（例如，TeAsGe-SiN[10]）和简单的硫系化合物（例如，SiTe[11]）。OTS 已成为商用 3D X-point 存储器中使用的最为成熟的选通器技术，这种存储器将在下面的 5.2 节中详细讨论。另一种类型的阈值转变 *I-V* 选通器是利用导电桥随机存取存储器（CBRAM）中金属导电细丝的快速自溶解特性（或者说是较差的保持特性）实现的 [12, 13]。这种基于 CBRAM 的选通器的潜在问题是相对较慢的关断速度和过大的阈值电压涨落。阈值转变 *I-V* 选通器的一个普遍的设计挑战是存在读取干扰的风险，这是由于一旦发生了阈值转变，那么施加的大部分电压将从选通器转移到存储单元，可能会对存储单元的电阻状态造成影响，因此选通器的参数（例如，阈值电压和保持电压）需要与存储器件特性进行细致的协同设计。

5.2　相变存储器（PCM）

5.2.1　PCM 器件机理

　　PCM 依靠硫系化合物在晶态和非晶态之间的电触发相变。硫族元素是元素周期表中Ⅵ族（氧除外）的元素，典型的 PCM 材料是基于 Ge-Sb-Te（GST）的合金（例如 $Ge_2Sb_2Te_5$）。结晶相是长程有序的晶体结构，因此具有较低的自由能，对应于 LRS；而非晶相具有随机和无序的原子构型，因此具有较高的自由能，对应于 HRS。结晶相和非晶相之间的可逆转变本质上是由 GST 材料内的温度状态来调制的。图 5.16 展示了 PCM reset/read/set 循环期间的温度状态。首先，对于 reset 过程，要施加一个短暂但高幅度的电脉冲，将温度升高到熔点（T_m）以上，从而使 GST 材料熔化。这时原子获得高动能并开始移动，如果通过快速去除脉冲进行淬火处理，那么这些原子将没有足够的时间安定下来，因而会停留在无序的位置。该淬火过程在 reset 操作之后导致产生非晶相。对于读过程，施加一个非常低的读取脉冲不会改变非晶相。而对于 set 过程，要施加一个持续时间长但中等幅度的电脉冲，将温度升高到 GST 材料的结晶温度（T_c）以上。这时原子将从无序位置开始热辅助振动，如果给予足够的时间，作为再结晶过程的一部分，它们将会逐渐找到最低能量的位置。典型 GST 的 T_m 为 500 ～ 700℃，T_c 为 150 ～ 300℃，t_{reset} 约为 10ns，t_{set} 约为 100ns。需要注意的是，这种温度状态还可以通过激光退火等光学的方式来产生，这种光学方式是光盘（如 CD/DVD）的原理，光盘的基本材料也是相似的 GST。在本章中，PCM 指的是由电流引起的焦耳热效应来产生温度状态的电存储器。GST 薄膜主要通过溅射等物理气相沉积（PVD）方法制造，而最近的研究也演示了通过原子层沉积（ALD）制造的方式。

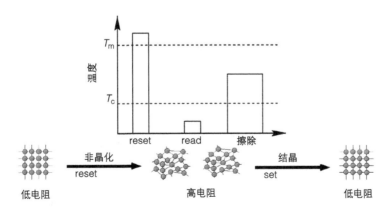

图 5.16　PCM 原理及 reset/read/set 周期中的温度特征

图 5.17 展示了 PCM 的典型电学特性，其中图 5.17a 展示了使用电流扫描方法得到的准直流 *I-V* 曲线。如果器件从非晶相的 HRS 开始，则在 set 转变之后，以阈值电压（V_{th}）为拐点发生骤回。如果器件从结晶相的 LRS 开始，则电流扫描将不会引发 reset 转变，因为 reset 需要快速淬火过程，而这在准直流扫描中是无法实现的。图 5.17b 显示了在电流脉冲（例如，reset 脉冲 10ns 和 set 脉冲 100ns）下的电阻演变。如果器件从 LRS 开始，有足够高的脉冲幅度（例如，400μA），就发生熔化过程，使得电阻显著增加。如果器件从 HRS 开始，随着电流脉冲幅度的增加（从 150μA 增加到 300μA），非晶相经历结晶过程，使得电阻逐渐减小。然而，如果电流幅度在 reset 状态下变得过高，类似的淬火过程将会发生。需要注意，PCM 是由单极脉冲（即相同极性的电压）操作的。因此，设计一个精确的波形对于 PCM 中正确的 set 和 reset 操作是必要的。

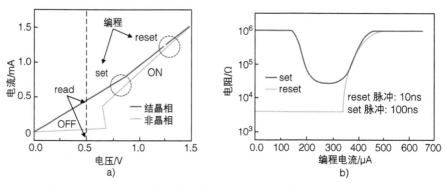

图 5.17　PCM 的典型电学特性：a）准直流扫描模式；b）脉冲模式

　　PCM 器件结构有两种常见类型，如图 5.18a 所示。第一种是蘑菇型单元，其中 GST 沉积在平面上，有效器件转变区域由下面的加热器通孔（例如，钨塞或 TiN）来定义。第二种是受限型单元，其中 GST 被填充到沟槽中，有效转变区域被具有低热导率的绝缘体包围。蘑菇型单元易于制造，但是受限型单元因为具有更高效的写入操作而更受青睐。由于 PCM 依靠焦耳热效应来将温度提高到 T_m 以上以进行淬火，因此 reset 电流成为功耗的制约因素。如图 5.18b 所示，reset 电流是有效器件面积的强相关函数，因为 GST 淬火的体积随器件面积而变化。在相同的等效单元直径下，受限型单元大约仅需要蘑菇型单元一半的 reset 电流，这是因为受限型单元的几何形状使得产生的热量更集中且不容易耗散，因此更容易达到 T_m。然而，受限型 PCM 单元所需的 reset 电流仍然很高，粗略地算，在 20nm 的单元尺寸下，reset 电流仍然在 100μA 左右。预测的趋势表明，为了达到可供最小尺寸选通晶体管驱动的 10μA 左右的理想水平，PCM 单元尺寸必须向低于 5nm 的范围缩小。

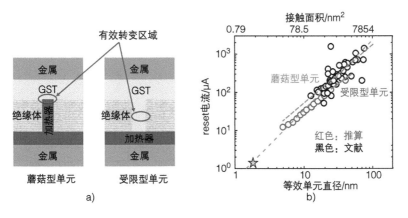

图 5.18　a）PCM 器件结构的常见类型：蘑菇型单元和受限型单元；
b）PCM reset 电流与单元等效接触直径的关系

　　PCM 能够进行多比特单元（MLC）操作，如图 5.19 所示。理论上 set 和 reset 过程都可以用于切换到中间状态。通过调节 set 脉冲幅度，或 set 脉冲的下降斜率可以实现渐进的 set 操作，这时的导电机制主要是部分结晶化后通过在非晶区域中形成的渗流路径来主导的。另一方面，通过调节 reset 脉冲幅度可以实现渐进 reset 操作，reset 脉冲的幅度越高，产生的热量就越多，因此在熔融淬火过程之后将获得更大体积的非晶区域。实际中，渐进 set 更容易操作，而渐进 reset 的可行性取决于单元结构，例如蘑菇型单元的非晶相区体积更容易通过 reset 脉冲幅度进行调制，因为这时热量会向外扩散，而受限型单元在 reset 时很难实现多值状态，这是因为其体积已经被限制，可能会被整体熔化。图 5.19 还展示了单个 set/reset 脉冲

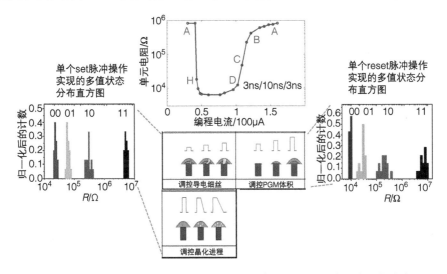

图 5.19　PCM 中 MLC 操作的原理、编程波形及两比特单元的阻值分布

操作后的 PCM 阵列中 4 值（两比特单元）的电阻测量值分布示例，通常需要使用写 - 校验方法来获得更一致的分布（类似于 4.4 节讨论的 NAND Flash 中使用的 ISPP）。

5.2.2 PCM 的可靠性

有两种机制会影响 PCM 的数据保持。第一种机制是电阻漂移，即在写入操作后，PCM 单元电阻倾向于随着时间的推移在短期时间尺度内（例如，从微秒到小时）向更高的电阻漂移。如图 5.20a 所示，LRS、HRS 和中间状态都表现出这样的漂移行为，而且电阻越高，漂移就越严重。很明显，漂移是 MLC 操作的一个关键挑战，因为随着时间的推移，电阻可能会越过中间状态之间的参考电压值。PCM 中的漂移被认为与非晶相的结构弛豫有关，非晶相本质上是由快速淬火过程产生的非平衡亚稳定状态。写入操作后的结构弛豫也可能导致消除缺陷，从而导致陷阱密度的降低。由于电流传导是由陷阱辅助隧穿主导，因此较低的陷阱密度会导致较低的电导和较高的电阻。电阻漂移可以通过下式进行经验拟合：

$$R = R_0(t / t_0)^v \tag{5.1}$$

式中，R_0 是初始电阻；t 是时间；t_0 是时间归一化常数；v 是漂移系数。

第二种机制是高温诱导结晶，通常是一种长时程效应（例如，从几个月到几年）。在升高的温度下，在给定足够的热动能的情况下，非晶相可以自发地结晶。因此，HRS 会逐渐转换为 LRS。对于任何热激活过程，都可以应用 Arrhenius 定律：

$$t = t_0 \exp(-E_a / kT) \tag{5.2}$$

式中，t 是结晶时间；t_0 是时间系数；E_a 是激活能量；k 是玻尔兹曼常数；T 是绝对温度。图 5.20b 展示了 PCM 单元的 Arrhenius 图（$\log(t) \sim 1/kT$）。人们可以进行高温烘烤实验以加速结晶（例如，在 160 ~ 210℃的温度范围内，记录达到预设的 LRS 阻值的时间），然后可以从中提取参数 E_a，并且可以在合理的时间尺度（例如，10 年寿命）内外推出数据保持时间。如果使用电子伏特（eV）作为 kT 的单位，则该拟合线的斜率为 E_a（在此例中为 2.6eV），如下式所示 ⊖：

$$E_a = \frac{2.3\log_{10}(t_2 / t_1)}{\left(\dfrac{1}{kT_2} - \dfrac{1}{kT_1}\right)} \tag{5.3}$$

(T_2, t_2) 和 (T_1, t_1) 是 Arrhenius 图拟合线上两点的直角坐标。注意，10 年约为 3×10^8s，因此在这个例子中，PCM 单元可以在 110℃下可将 HRS 状态维持 10 年。

⊖ $\ln(10) = 2.3$ 是将 ln 转换为 log10 的系数因子。

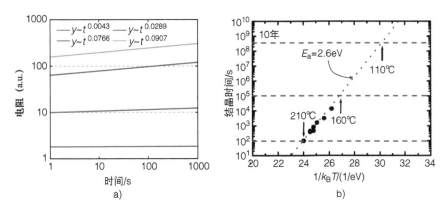

图 5.20　a）PCM 的漂移行为；b）PCM 单元数据保持的 Arrhenius 图

　　由于 PCM 的熔融淬火特性，导致热串扰是一个潜在的问题。热串扰是指与正在写入的选中单元相邻的单元将被影响，从而导致相邻单元的电阻出现扰动，如图 5.21a 所示。图 5.21b 展示了作为到选中单元距离的函数的模拟温度分布。对于 reset，选中单元需要达到熔化温度（例如 700℃），相邻单元会面临相对较高的温度（例如 250℃），于是处于 HRS 的相邻单元将经历结晶过程。根据图 5.20b 所示的数据保持特性图，250℃下的结晶时间约为 1s，这意味着如果选中单元持续 reset 数百万个周期，那么被影响单元的电阻将会发生大幅度变化。随着 PCM 的缩小，热串扰将会成为更加严重的问题，这是因为随着单元间的距离越来越近，温度状态将会传导到更多的邻近单元上。

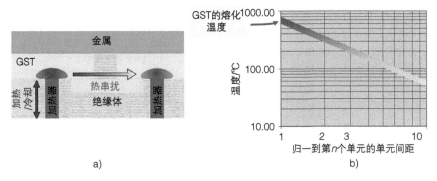

图 5.21　a）PCM 相邻单元之间的热串扰问题；b）温度特性作为到选中单元距离的函数的仿真结果

　　循环耐久性决定了 PCM 可以写入的次数。PCM 单元的两种主要的耐久性失效模式分别是"停滞在 HRS"和"停滞在 LRS"。停滞在 HRS 主要是由阻变循环后底部电极界面形成的空隙引起的。而停滞在 LRS 通常是由重复循环时的元素偏析引起的。例如，具有较低结晶温度的底部电极处的 Sb 富集会导致激活区域更容易结晶。图 5.22 展示了两种类型的耐久性失效的具有代表性的电阻随循环数的变化。不同的失效模式可能发生在一个阵列中的不同单元上。典型的 PCM 可以维持 $10^6 \sim 10^9$ 次循环，但很难达 10^{12} 次循环。

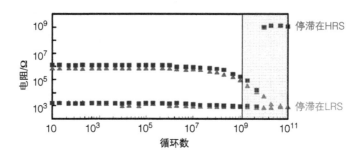

图 5.22　PCM 中两种耐久性失效模式下的典型电阻随循环数的演变

5.2.3　PCM 阵列集成

将 PCM 单元集成到阵列中时，可以使用 1T1R 阵列，如图 5.23 所示。这里的选通晶体管可以用常规的 MOSFET。然而，如前所述，PCM 的 reset 电流通常高于最小尺寸 MOSFET 所能提供的电流。例如，在 20nm 节点，PCM reset 电流可达到 >100μA，因此常规 MOSFET 需要至少达到 $W/L = 3$ 才能提供这样的驱动电流。另一方面，双极结型晶体管（BJT）可以在与对应 MOSFET 相同的宽度下提供更高的电流密度。因此，尽管 BJT 在先进工艺节点上的应用相当有限，但 BJT 有时被用作选通晶体管，如意法半导体[14]在 28nm 节点上所验证的。表 5.3 展示了截至 2020 年最先进的 PCM 原型芯片的调研结果，这些基于 1T1R PCM 的芯片主要用于替代进行片上代码存储的嵌入式 Flash（例如，用于微控制器）[15, 16]。

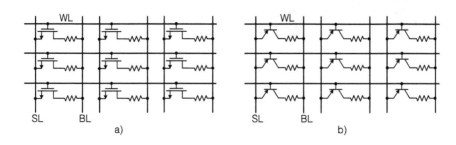

图 5.23　PCM 集成的两种 1T1R 阵列类型：a）MOSFET 作为选通晶体管；b）BJT 作为选通晶体管

表 5.3　近期 PCM 原型芯片的调研

工艺节点	意法半导体 28nm	意法半导体 28nm	台积电 40nm
	IEDM 2018	IEDM 2020	IEDM 2019
目标应用	eFlash	eFlash	eFlash
比特单元结构	1T1R（5V I/O MOSFET）	1BTJ1R（5V I/O BJT）	1T1R
比特单元尺寸	$0.036\mu m^2/45.9F^2$	$0.019\mu m^2/24.2F^2$	N/A
$R_{ON}/R_{OFF}/\Omega$	14.39k/748.89k	29.1k/284.36k	4.34k/1.22M
开关比	52	~9.8	~281
写入电压或电流	200~300μA	~300μA	~300μA（reset）
写入脉冲宽度	N/A	N/A	100ns（set）
读取脉冲宽度和电流	5~40μA	5~25μA	N/A
写入耐久性	$>10^6$	$>10^7$	$>2\times10^5$
数据保持	>10 年 @150℃	N/A	>10 年 @120℃

5.2.4　3D X-point

为了实现面向独立式存储器应用的更高集成密度，包含选通器的交叉阵列结构更受青睐。PCM 交叉阵列的早期研究依靠外延硅二极管作为选通器，具有 $I-V$ 整流特性和高非线性度的硅二极管与 PCM 兼容，这是因为 PCM 可以在相同电压极性下进行单极型模式的操作，例如仅施加正偏压，只改变 set/reset 脉冲宽度。2012 年三星报告了一种具有 20nm 半节距交叉阵列的 1Gbit 原型芯片，该芯片集成了 PCM 和硅二极管，实现了 40MB/s 的内部写入带宽和 120ns 的读取周期时间 [17]。尽管当时 2D 交叉阵列的相关性能优于 2D NAND Flash，但其集成密度还没有竞争力，因为 3D NAND Flash 在 21 世纪 10 年代中期很快占领了市场。

因此，独立式 PCM 被重新定位作为 DRAM 和 NAND Flash 之间的一个新存储层级，即存储级内存。随着 DRAM 在 21 世纪 10 年代末继续缩小到 1z 节点，PCM 需要 3D 堆叠来达到比 DRAM 更高的集成密度。在这种情况下，3D X-point 阵列变得很必要。然而外延硅二极管对于 3D 集成是不可行的，因为硅二极管首先需要单晶硅衬底；另一方面，简单地在后段工艺淀积非晶硅或多晶硅将会由于缺陷过多而造成大的漏电流，因而其 $I-V$ 非线性对于交叉阵列来说是不够的。因此，开发一种支持 3D 堆叠的新型选通器是非常必要的。为了能最好地匹配 PCM 特性，人们通常采用 OTS 选通器 [18]。OTS 具有与 PCM 类似的材料成分，如前面 5.1 节中已经讨论的硫系化合物。OTS 表现出阈值转变特性，其关断状态在阈值电压以上迅速开启。与 PCM 不同的是，OTS 不会发生结构变化（即结晶过程），可能的原因可能是 OTS 具有相对较高的结晶温度，因而焦耳热不足以触发永久性转变。因此，在大电流下仅发生电学性转变，即当电压被去除或低于保持电压时，OTS 会自动关闭。

2017 年，英特尔和美光联合宣布将基于 PCM 和 OTS 的 3D X-point 技术商业化，分别推出了 Optane 和 X-100 高端固态硬盘（SSD）产品。如图 5.24 所示，第一代设计是具有 20nm 半节距的 2 层集成的交叉阵列，其中外围 CMOS 电路集成在阵列下面。一份来自 Tech Insights[19] 的逆向工程报告表明，该产品中的 PCM 基于 GST 材料，OTS 基于 Ge-Si-Se-As 合金。该商用芯片的容量为 128Gbit，写入带宽为 35GB/s，读取周期时间为 100ns，这使其成为了介于 DRAM 和 NAND Flash 之间一种具有竞争力的存储级内存。更直观的度量是以 Gbit/mm^2 为单位的集成密度，第一代 3D X-point 为 0.62Gbit/mm^2，而当时 1x nm 节点的 DRAM 产品约为 0.19Gbit/mm^2，三比特单元 64 层的 3D NAND 产品是 5.6Gbit/mm^2。2020 年，美光宣布停止进一步的 3D X-point 技术开发，而英特尔则发布了具有 4 层交叉阵列的第二代 3D X-point。

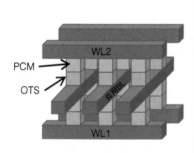

第一代3D X-point属性（英特尔/美光）	
属性	值
单元特征尺寸（半节距）	20nm
层数	2
单个裸片的容量	128Gbit
单个存储区的存取大小	16B
独立存储区的数目	16
每个存储区的读延时	100ns
每个存储区的写延时	500ns
写入带宽	~ 35GB/s

图 5.24　3D X-point 阵列和第一代芯片的关键参数

5.3　阻变随机存取存储器（RRAM）

5.3.1　RRAM 器件机理

RRAM 的阻变过程基于两个电极之间绝缘体薄膜中的导电细丝形成和断裂机制，从而使 RRAM 能够在绝缘状态和导电状态之间进行可逆转变。RRAM 可分为两大类：①氧化物 RRAM，又称 OxRAM，其中导电细丝由氧空位组成；②导电桥 RRAM，又称 CBRAM，其中导电细丝由金属原子制成。图 5.25a 展示了 RRAM 的转变机制。在 OxRAM 中，氧空位是在足够的外加电场下通过软击穿产生的，晶格氧原子被激发形成游离氧离子，并向顶部电极界面迁移，暂时存储在一个金属覆盖层的储层中，并在绝缘体介质中形成导电细丝。在反向电场下，氧离子可以迁移回来湮灭氧空位，从而使细丝断裂。在 CBRAM 中，金属原子通过施加的电场从活性金属电极之一（例如，Ag 或 Cu，或其合金）电离，并迁移到绝缘层中，从而形成金属丝，绝缘层通常为硫系化合物或氧化物。类似地，在反向电场下，电离的金属原子回到顶部电极界面，从而使细丝断裂。下文中讨论的 RRAM 默认为 OxRAM，因为 OxRAM 在工业界研发中更受欢迎。在 OxRAM 中，HfO_x 和 TaO_x 已成为早期研究和产品化的主要氧化物材料。$^{⊖}$ALD 是氧化物薄膜沉积的常用制造方法。

　　需要指出的是，许多类型的 RRAM 单元在刚制备后都需要施加一次相对较高的电压（如 3～5V），以完成初始化的成形过程来形成导电细丝。完成成形过程后，RRAM 通常表现出双极阻变 $I-V$ 特性，并可在较低电压（如 1～3V）下进行阻变，如图 5.25b 所示。set 过

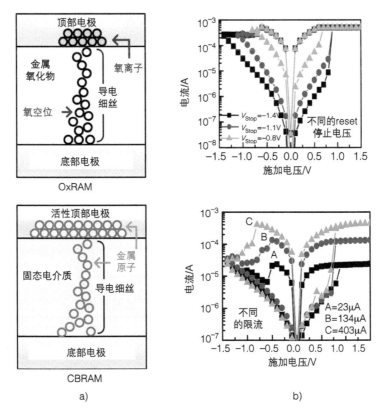

图 5.25　a）OxRAM 和 CBRAM 中的阻变机制；b）RRAM 的典型 $I-V$ 特性，展示了通过改变 reset 电压或 set 限流的 MLC 操作

　⊖　HfO_x 和 TaO_x 的下标 x 表明这些氧化物处于非化学配比状态。

程通常是突变的，而 reset 过程通常是缓变的。有两种方法实现多比特单元（MLC）操作：①使用不同的限流（例如由选通晶体管的栅极电压来调制通过 RRAM 的电流）来调控导电细丝的直径或强度；②使用不同的 reset 电压来削弱细丝或调控剩余导电细丝尖端与电极之间的隧穿间隙距离。

RRAM 阻变过程在速度和施加电压之间具有指数关系。图 5.26 展示了 10nm 单元尺寸的 HfO_x RRAM 在不同脉冲宽度下转变 RRAM 单元所需的 set/reset 电压幅度[20]。与 set 速度相比，reset 速度对电压的依赖性更强。在大电压（如 2.5V）下，reset 速度可以达到约 10ns，如果电压降低（如降至 2V），则需要约 1μs 的 reset 速度。因此，写入速度和写入电压之间存在设计折中。

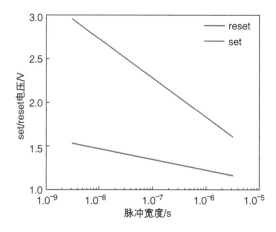

图 5.26　HfO_x RRAM 中 set/reset 电压幅度与脉冲宽度之间的关系

5.3.2　RRAM 的可靠性

RRAM 的典型循环耐久性在 $10^6 \sim 10^9$ 之间。图 5.27 展示了 HfO_x RRAM 的循环耐久性示例[21]。值得注意的是，耐久性的失效模式取决于编程条件。如果 set 的条件更强，例如通过更大的 WL 电压产生更高的限流，那么该单元在循环之后可能被停滞在 LRS。这是因为在 set 过程中形成了过量的氧空位。另一方面，如果 reset 条件更强，则由于导电细丝可能完全断裂，而导致该单元被停滞在 HRS。在平衡的 set/reset 条件下，单元可以达到 10^{10} 个循环的耐久性。然而，由于单元间的离散性差异，实际很难对整个阵列进行有效的 set/reset 条件优化。

RRAM 的数据保持特性可以通过与 PCM 类似的变温加速测试来评估。图 5.28a 展示了分别处于 HRS 和 LRS 状态的 HfO_x RRAM 在 150℃、200℃ 和 250℃ 下的数据保持特性示例[22]。所有情况下，经过烘烤后，单元电阻由于细丝的自发熔断而增加，温度越高则熔断越快。若给定 LRS 和 HRS 之间的参考电阻值标准，则可以提取到数据保持失效的时间作为温度的函数，如图 5.28b 的 Arrhenius 曲线所示。在该图中，通过斜率提取的激活能 E_a 为 1.51eV，进而可以外推出该器件可以在 92℃ 的温度下保持 10 年。

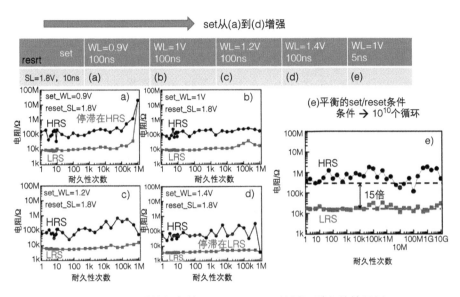

图 5.27 不同编程条件下 HfOₓ RRAM 的循环耐久特性示例

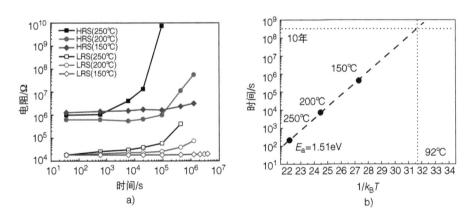

图 5.28 a）HRS 和 LRS 下 HfOₓ RRAM 的数据保持能力示例；b）RRAM 数据保持的 Arrhenius 图

5.3.3 RRAM 阵列集成

总体而言，RRAM 表现出非常优异的特性，诸如低的编程电压（< 3V）、快的擦写速度（< 100ns）、大的电阻开关比（> 10）、合适的耐久性（> 10^6 次循环）和更好的数据保持性（在 85℃ 下保持数年）。在 RRAM 开发的早期阶段，人们主要使用 180nm 或 90nm CMOS 平台，例如 2011 年 ITRI 报道了 180nm 节点的 4Mbit 1T1R RRAM 宏电路，展示了小单元面积（9.5F^2），
SLC 操作的读写随机存取时间为 7.2ns，MLC 操作为 160ns[23]；2012 年松下报道了 180nm 节点
包含隧穿型选通器的 8Mbit 双层交叉阵列 RRAM 宏电路，展示了很小的等效比特面积（2F^2）、
443MB/s 写入吞吐量（每 17.2ns 周期 64 位并行写入）和 25ns 读取访问时间[24]。2017 年，华
邦报道了 90nm 节点的 512kbit 1T1R RRAM，展示了相对较小的单元面积（30F^2）、100ns 的读
写随机存取时间，以及大于 10^5 次循环后在 150℃下的 10 年数据保持[25]。RRAM 的最新发展
目标是 28nm 节点或 22nm 节点的低成本嵌入式 NVM 解决方案，该方案比 eFlash 更具竞争力。
表 5.4 展示了截至 2020 年最先进的 RRAM 原型芯片调研，台积电正在提供 40nm[26]、28nm[27]
和 22nm[28] 的 RRAM 工艺方案，英特尔正在 22FFL 工艺平台[29] 提供 RRAM 方案。

在 21 世纪 10 年代初，独立式 RRAM 曾被定位为存储级内存应用。2013 年闪迪与东芝
一起报道了基于 24nm 工艺节点的 32Gbit 2 层交叉阵列 RRAM 宏电路，具有迄今为止最大的
容量[30]。2014 年美光与索尼一起报道了 27nm 工艺节点的 16Gbit 1T1R RRAM 宏电路，展示
了小单元面积（6F^2）、200MB/s 写入带宽和 1GB/s 读取带宽[31]。然而，工业界很快认识到，
由于 RRAM 涨落过大，导致大容量 RRAM 的商业化产品不太可行。RRAM 的有限耐久性（甚
至小于 PCM）也限制了其作为存储级内存的可行性。因此，在基于 PCM 的 3D X-point 技术
被公布后，工业界为了存储级内存而追求独立式 RRAM 的主要努力就停止了。

表 5.4   近期 RRAM 原型芯片的调研

工艺节点	台积电 22nm	台积电 28nm	台积电 40nm	英特尔 22nm	华邦 90nm
	VLSI 2020	VLSI 2020	ISSCC 2018	ISSCC 2019	IEDM 2017
目标应用	eFlash	eFlash	eFlash	eFlash	eFlash
比特单元结构	1T1R	1T1R	1T1R	1T1R	1T1R
比特单元大小	53F^2	N/A	53F^2	0.0484μm^2/100F^2	0.5μm^2/31F^2
$R_{ON}/R_{OFF}/\Omega$	N/A	N/A	估算 $R_{on} \sim 4k$	3 ~ 7k/30k	6 ~ 7k/> 500k
开关比	~ 4	~ 3	5 ~ 6	4 ~ 10	~ 100
写入电压或电流	1.62 ~ 3.63V	N/A	1.4 ~ 2.4V	N/A	2 ~ 4V
写入脉冲宽度	N/A	N/A	< 1μs	< 10μs	100 ~ 200ns
读取脉冲宽度和速度	10ns/0.7V	20ns/0.2V	9ns/0.26V	5ns/0.7V	10ns/0.5V
写入耐久性	> 10^4	> 10^5	> 10^3	N/A	> 2×10^5
数据保持	N/A	N/A	N/A	N/A	> 100 年 @85℃

5.4　磁性随机存取存储器（MRAM）

5.4.1　MTJ 器件机理

MRAM 的核心元件是磁隧道结（MTJ），它是由两个磁性层和分隔两层的一个薄隧穿氧化层组成。典型的磁性层材料是 CoFeB 或其变体，典型的隧穿氧化物材料是 MgO。其中一个磁性层被设计为具有固定的磁化取向，通常由对外部磁场免疫的合成反铁磁性（SAF）结构辅助。而另一个磁性层能够根据外部磁场来转变其磁化方向。图 5.29 展示了在外部磁场下 MTJ 电阻的磁滞现象。当两个磁性层处于平行（P）状态或反平行（AP）状态时，MTJ 电阻分别为低阻值或高阻值。电阻差是由自旋相关的量子隧穿效应引起的，如图 5.30 所示，当两个磁性层处于 AP 状态时，自旋极化电流将更难隧穿通过势垒，这是因为右侧自旋向下态的态密度较小，无法接收足够多来自左侧的自旋向下的极化电子。通常用隧道磁阻比（TMR）来定义 MTJ 电阻的开关比，它由下式给出：

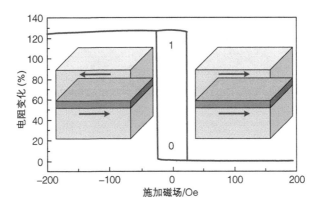

图 5.29　外加磁场下 MTJ 电阻的磁滞现象

$$TMR = (R_{ap} - R_p) / R_p \qquad (5.4)$$

式中，R_{ap} 是自旋反平行状态的电阻；R_p 是自旋平行状态的电阻。通常 MTJ 的 TMR 在 50% ~ 200% 的范围内。这里，TMR = 100% 意味着开关比 = 2。值得注意的是，MRAM 的开关比远低于其他 NVM 器件，因此需要更复杂的灵敏放大器设计来容忍这个低容限。也是由于同样的原因，MRAM 通常不具备 MLC 功能。

基于 MTJ 的 MRAM 在集成时有几种可供选择的器件结构，如图 5.31 所示。第一代是场转变 MRAM，第二代是自旋转移力矩（STT）MRAM，而第三代是自旋轨道力矩（SOT）

MRAM。这三种类型的 MRAM 将在接下来的几个小节详细讨论。

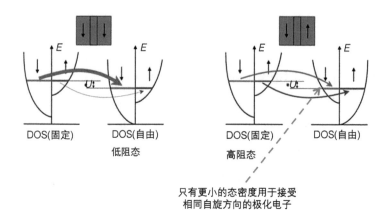

图 5.30 能量与态密度（DOS）的关系图，以说明 MTJ 在自旋平行态和自旋反平行态下的自旋相关量子隧穿效应

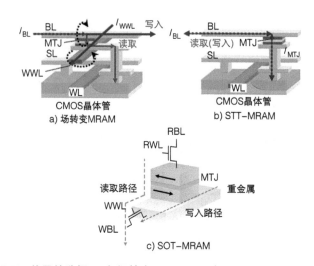

图 5.31 MRAM 单元的选择：a）场转变 MRAM；b）STT-MRAM；c）SOT-MRAM

5.4.2 场转变 MRAM

由于 MTJ 可以通过磁场进行转变，因此可以直观地设计图 5.32a 所示的器件结构，该结构在 MTJ 下方有一个写入 WL（WWL），并且它被隔离层分隔。写入操作是通过同时向 WWL 和 BL 输入足够大的电流来完成的。如图 5.32b 所示，根据电磁学中的右手定则，可以分析出导线周围产生的磁场。选中单元位于选中 WWL 和 BL 相交处，而半选单元为沿着

选中 WWL 或沿着选中 BL 的其他单元。这里存在着类似于交叉阵列中讨论过的半选择问题。为了最大限度地减少潜在的写干扰，人们采用了翻转型（toggle）MRAM 概念，该方法有意设计了面内 MTJ 的椭圆各向异性，其难磁化轴沿 WWL 和 BL 之间的 45° 角。使用图 5.32b 所示的两步脉冲方案，这里就可以翻转磁化方向了。读取操作则通过 1T1R 结构来完成，其中选通晶体管由读取 WL 控制（见图 5.31a，该 WL 控制晶体管的栅极），根据 MRAM 的电阻状态可以在 BL 感应出不同大小的电流。

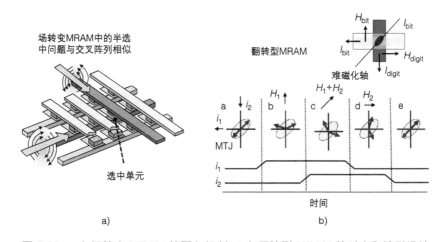

图 5.32　a）场转变 MRAM 的写入机制；b）翻转型 MRAM 的时序和波形设计

场转变 MRAM 在工业界的研发始于 21 世纪初。21 世纪第一个十年中期，IBM 在 180nm 平台实现了 16Mbit 场转变 MRAM，其中 MTJ 集成在 M3 互连下面[32]，其等效单元大小为 $44F^2$，写入 / 读取延迟为 30ns。在这样的速度下，写入 WL 和 BL 上的写入电流是每单元 5mA，而 BL 上的读取电流是每单元 1.56mA。显然，超高电流需求是将场转变 MRAM 缩小到更先进技术节点的主要挑战。21 世纪第一个十年中期以后，场转变 MRAM 在行业中已不再受到太多关注了。

5.4.3　STT-MRAM

在 21 世纪第一个十年末期发现了基于 STT 机制的 MTJ 转变后，MRAM 的研发兴趣重新高涨。如图 5.31b 所示，STT-MRAM 包含 1T1R 单元，其中写入和读取是同一通路，即在 BL 和 SL 之间，而 WL 则控制选通晶体管。图 5.33 展示了由 BL 和 SL 之间的双极电流驱动的 STT 开关原理。对于 AP 到 P 的转变，需要向 BL 施加正的写入电压。当足够大的电流从自由层流向固定层时，电子则以相反的方向注入。在这个例子中，固定层的磁化方向向左，

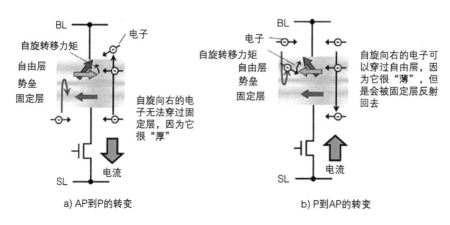

a) AP到P的转变   b) P到AP的转变

图 5.33　STT-MRAM 开关原理

因此，注入的自旋向右的电子不能穿过固定层，而是被朝后反射，而只有自旋向左的电子可以通过隧穿氧化层势垒。然后，隧穿的自旋向右的电子将把它们的自旋动量转移到自由层，原本磁化方向向右的自由层感受到一个与阻尼力相反的扭矩，磁化的进动运动得到放大并旋转到左侧，这可能得到热振动的辅助。与之相对的，对于 P 到 AP 的切换，需要向 SL 施加正的写入电压。当足够大的电流从固定层流到自由层时，电子则以相反方向注入。在这种情况下，自由层由于足够薄，所以不能阻挡自旋极化的电流，因此自旋向左的电子和自旋向右的电子都将隧穿通过氧化层势垒。然而自旋向右的电子不能进一步穿过磁化向左的固定层，被反射的自旋向右的电子将把它们的自旋动量转移到自由层。原本磁化方向向左的自由层感受到一个与阻尼力相反的扭矩，磁化的进动运动得到放大并旋转到向右，这可能得到热振动的辅助。注意，双极性转变中存在不对称性，通常 AP 到 P 的转变更容易，因此较 P 到 AP 需要更小的写入电流。

STT 相对于场转变的主要优点是写入电流随着器件的有效单元面积缩小而减小。给定相同的 MTJ 材料叠层结构，STT-MRAM 的写入电流与单元面积成正比，因此写入电流密度（J_c）成为更有用的度量标准，典型的 J_c 在 $1 \sim 4\mathrm{MA/cm^2}$ 的范围内。如果先进制程的 MTJ 尺寸约为 50 nm，则写入电流在 $25 \sim 100\mu\mathrm{A}$ 的范围内，这远低于场转变 MRAM 中的 mA 量级的要求。$W/L = 1 \sim 4$ 的选通晶体管即可以提供这样的写入电流，因此估计具有 $16 \sim 64F^2$ 的单元面积。随着尺寸的缩小，STT-MRAM 所需的写入电流与 F^2 成正比缩小，这是一个比晶体管驱动能力（与 F 成正比）更快的缩放因子，因此即使 J_c 保持恒定，缩小的 STT-MRAM 也能够使用更小宽度的晶体管。

需要指出，STT-MRAM 的写入电流密度取决于写入脉冲宽度。图 5.34a 显示了写入电流密度（MA/cm²）和写入脉冲宽度（ns）之间的一般典型关系。通常而言，在 10ns 以下的 STT 转变将进入进动状态，其中 J_c 随着脉冲宽度的减小而急剧增加。而在 10ns 以上，STT 转变则由热激活辅助，实际上大多数 STT-MRAM 倾向于在该时间区间内操作。由于热振动的不确定性，所以 STT 转变在这种情况下也是不确定的，转变概率取决于所施加的写入电压，写入电压越大，转变电流越大，则转变概率更大、写入错误更少。图 5.34b 展示了 STT-MRAM 阵列的写入误比特率（BER）与写入电压的函数关系。在给定电压下，更长的脉冲将得到更低的 BER。总之，优化的 STT-MRAM 通常能够在 0.5V 写入电压下具有 10ns 的写入延迟。

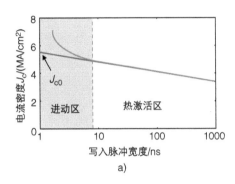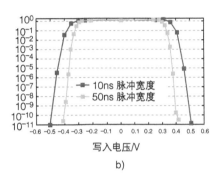

图 5.34　a）STT-MRAM 中写入电流密度和写入脉冲宽度之间的一般典型关系；b）STT-MRAM 中写入误比特率（BER）与写入电压的关系

STT-MRAM 的数据保持可以通过两态系统（P 态和 AP 态）建模，中间有一个势垒，如图 5.35a 所示。保持失效是由高温下的热振动所引起的。与 PCM 或 RRAM 类似，STT-MRAM 的保持时间也可以绘制在 Arrhenius 图中，如图 5.35b 所示。提取的斜率为激活能（E_a），热稳定性因子 Δ 定义为 E_a/kT。文献中报道了各种不同的 MTJ 材料叠层结构，其 Δ 的范围很广，在 30 ~ 80 之间。通常 Δ 越高则 J_c 越大，这是因为在数据保持期间，单元越稳定，则在写入期间翻转它就越困难。因此，品质因数 J_c/Δ 通常用于评价 MTJ 材料叠层结构，低 J_c/Δ 更受青睐。

STT-MRAM 的循环耐久性理论上是无限的，但实际上会受到隧穿氧化层击穿的限制。随着自旋极化电流反复穿过 MgO 势垒层，会在 MgO 层中产生并积累缺陷，直到发生击穿。在实际操作中，可以使用电压应力来加速测试。循环耐久性测试在高于额定工作电压的写入电压下进行操作，同时记录发生击穿的周期数，然后通过外推来预测标称电压下的循环数。氧化物击穿通常有两种类型的外推模型：一种是 1/E 模型，这个模型通常用于进行加速测试的高场区域；另一种是 E 模型，这个模型在较低场区域通常更为准确。这里，E 是穿过氧化层的电场。根据 1/E 模型，耐久性循环数（c）由下式给出：

$$c = c_0 \exp(E_0 / E) \tag{5.5}$$

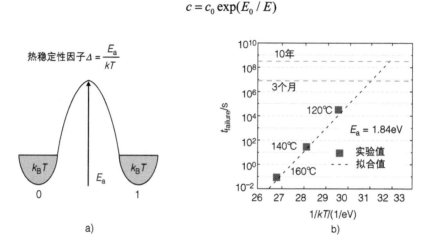

图 5.35 a）两态模型，其中两个状态（P "1" 和 AP "0"）之间存在一个势垒；
b）STT-MRAM 数据保持的 Arrhenius 图

根据 E 模型，耐久性则由下式给出：

$$c = c_0 \exp(-E_0 / E) \tag{5.6}$$

式中，c_0 和 E_0 是拟合参数。图 5.36 展示了两种方法的外推示例。在任何一种方法中，即使对于阵列的尾比特（例如 1ppm 线）$^\ominus$，在标称写入电压（例如 0.5V）下，外推的耐久性也超过 10^{14} 次循环。与其他 NVM 相比，STT-MRAM 具有最佳的循环耐久性，并且有期望达到与 SRAM 和 DRAM 相当的耐久性。

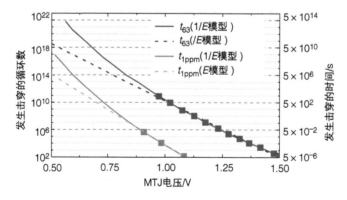

图 5.36 使用 E 模型和 $1/E$ 模型外推的 STT-MRAM 的循环耐久性。
图中展示了 63% 的单元和尾比特（1ppm）的趋势

$\ominus$ 1ppm 是百万分之一的概率。

到目前为止所讨论的都是面内（in-plane）MTJ。为了能够向更先进的工艺节点进一步缩小，面外 MTJ 开始受到重视。面内 MTJ 意味着磁化取向与薄膜的 x-y 平面在同一平面内，而面外 MTJ 则意味着磁化方向在垂直于薄膜 x-y 平面的 z 方向上。图 5.37 展示了面内 MTJ 和面外 MTJ 之间的比较。从转变效率的角度来看，面外 MTJ 更好，这是因为热振动方向与自旋扭矩传递路径相同，从而可以更好地支持状态转变，而面内 MTJ 的这两者具有不同的路径。而从热稳定性的角度来看，面内 MTJ 需要保持 x-y 平面的椭圆各向异性，因此通常需要长度大于宽度两倍的横向椭圆形；而面外 MTJ 则可以使用最小尺寸的圆形形状，因此在 20nm 以下节点具有更好的可微缩性。综合考虑转变效率和热稳定性，面外 MTJ 比面内 MTJ 具有更好的品质因数（J_c/Δ），因此面外 MTJ 已成为如今 STT-MRAM 工艺的主流选择。

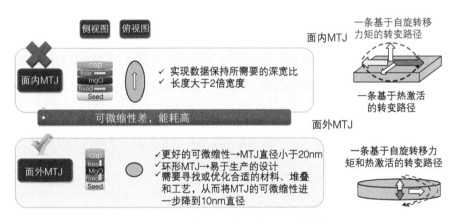

图 5.37　面内 MTJ 和面外 MTJ 的对比

经过近 10 年的工业研发，STT-MRAM 已于 21 世纪 10 年代末由多家供应商实现了产品化。STT-MRAM 的阵列级集成遵循 5.1 节中讨论的 1T1R 设计原则，但不同的供应商可能会将 MTJ 放置在金属互连的不同金属层。STT-MRAM 有不同的应用场景，第一个目标是作为持久内存（与 DRAM 接口兼容但是具有非易失性）的独立式存储器，即 NVDIMM。2019 年 Everspin 发布了一款 28nm 节点的 1Gbit STT-MRAM，带有 DDR4 接口。值得注意的是，基于 STT-MRAM 的 NVDIMM 的每比特成本明显高于商品 DRAM，并且非易失性带来的系统级的优势尚待验证。此外，许多其他供应商对 STT-MRAM 的嵌入式存储器应用场景表现出兴趣，无论是作为先进节点（28nm 及以下）的 eFlash 替代品，还是作为末级缓存。表 5.5 展示了用于替代 eFlash 的 STT-MRAM 的总结，其中格罗方德提供 22nm 节点 [33]，英特尔提供 22nm 节点 [34]，台积电提供 16nm 节点 [35]，三星提供 28nm 节点 [36]。对于替换 eFlash，数据保持能力是优先考虑的因素，因此热稳定性因子 Δ 需要高达 60 以上，作为代价，其循环数会降至 10^6 次左右。表 5.6 展示了用于替代末级缓存的 STT-MRAM 总结概要，其中格罗方德提供 22nm 节点 [37]，IBM 提供 14nm 节点 [38]，英特尔提供 22nm 节点 [39]。对于末级缓存替换，循环耐久性是优先考虑的，目标要达到 10^{14} 以上。因此，热稳定性因子 Δ 将被折中降低到 20 ~ 40，数据保持时间将降低到几秒到几分钟。设计 MTJ 材料叠层结构可以实现适合 eFlash 或末级缓存目标的不同特性，例如在英特尔的 FFL22 平台中，只需将 MTJ 单元大小从 80nm × 80nm 减小到 60nm × 60nm，就可以将属性从 eFlash 切换到末级缓存。注意，STT-MRAM 将与 RRAM 和 PCM 竞争 28nm 节点或 22nm 节点的 eFlash 替换，但是 STT-MRAM 的制造工艺更为复杂，因此成本往往成为一个劣势。与其他 eNVM 技术相比，STT-MRAM 表现出一个独特的优势，即低写入电压（< 1V），因此 STT-MRAM 与先进逻辑工艺中的电源电压兼容，而且保持了向更先进节点（如 7nm 及以下）微缩的潜力。面向最先进节点的兼容性和可微缩性对于 STT-MRAM 作为末级缓存的竞争力是至关重要的，这是因为在相同的工艺节点上，STT-MRAM 单元密度大约是 SRAM 的两倍，因此 STT-MRAM 要展现集成密度优势的最低要求是仅落后于最先进工艺的 SRAM 一代。

表 5.5　用于替代 eFlash 的 STT-MRAM 的原型芯片的调研

工艺节点	格罗方德 22nm FDSOI	英特尔 22nm FFL	台积电 16nm FinFET	三星 28nm
	IEDM 2020	IEDM 2018	IEDM 2020	IEDM 2019
$R_{ON}/R_{OFF}/k\Omega$	N/A	1.4/3.9	N/A	N/A
开关比	2.48 ~ 3.12	2.8	N/A	2.8 ~ 3.2
MTJ 尺寸 /nm^2	N/A	80 × 80	N/A	35^2 ~ 60^2
RA 乘积 /$\Omega \cdot \mu m^2$	N/A	9	N/A	N/A
单元面积	$97.1F^2$/$0.047\mu m^2$	$100F^2$/$0.0486\mu m^2$	$128.9F^2$/$0.033\mu m^2$	$45F^2$/$0.036\mu m^2$
写入电压 /V	1	N/A	N/A	1.05
写入脉冲宽度	200ns	20ns ~ 1μs	50ns	50ns
读取脉冲宽度	19ns	10ns	9ns	40ns
写入耐久性	10^5 ~ 10^6	> 10^6	10^5	> 10^6
数据保持	> 20 年 @150℃	10 年 @200℃	N/A	10 年 @105℃

表 5.6　近期用于替代末级缓存的 STT-MRAM 原型芯片的调研

工艺节点	格罗方德 22nm FDSOI	IBM 14nm FinFET	英特尔 22nm FFT
	IEDM 2020	IEDM 2020	IEDM 2019
$R_{ON}/R_{OFF}/k\Omega$	N/A	7.87/19.21	2.5/7.0
开关比	N/A	2.2 ~ 2.45	2.8
MTJ 尺寸 /nm^2	< 0.8 倍 eFlash	43^2($35^2 \sim 60^2$)	60×60
RA 乘积 /$\Omega \cdot \mu m^2$	N/A	14.55	9
单元面积	N/A	$139.3F^2/0.0273\mu m^2$	$100F^2/0.0486\mu m^2$
写入电压 /V	N/A	N/A	1.05 ~ 1.1
写入脉冲宽度	10ns	4ns	20ns
读取脉冲宽度	< 5ns	N/A	4ns/0.9V 或 8ns/0.6V
写入耐久性	> 10^{12}	> 10^{10}	10^{12}
数据保持	10s@125℃	1min@85℃	1s@110℃

5.4.4　SOT-MRAM

自旋轨道力矩（SOT）是一种相对较新的 MTJ 转换机制。如之前图 5.31c 所示，MTJ 位于重金属薄膜的顶部，因此 MTJ 的自由层直接与重金属线（如 Pt、W 或 Ta）接触。当足够的写入电流通过重金属导线时，重金属中的自旋 - 轨道相互作用可以转换相邻自由层的磁化方向。具体来说，由于自旋 - 轨道耦合效应，电子流产生了垂直于重金属薄膜的自旋流，并在重金属表面产生自旋极化积累。累积的自旋动量被转移到自由层的磁化上。与场转变 MRAM 中 WWL 导线与 MTJ 材料叠层分离不同，SOT 的转变需要重金属直接接触 MTJ 材料叠层。一个 SOT-MRAM 单元通常需要两个选通晶体管，一个作为连接到底部重金属的写入晶体管，另一个作为与 MTJ 的顶部电极连接的读取晶体管，因此这里的读和写路径是解耦的。写入电流流过重金属线，但不流过 MTJ 的 MgO 隧穿势垒，因此 SOT 的 MgO 上的电压在擦写时远低于 STT 的 MgO 上的电压，使 SOT 具有更高耐久性潜力。而 SOT-MRAM 明显的缺点是其单元面积比 STT-MRAM 大，这是由于其三端设计和引入额外选通晶体管的原因。与 STT 转变相比，SOT 转变的主要优点是速度更快，理论上可以实现亚 ns 的转变[40]。由于 SOT-MRAM 的循环耐久性和擦写速度更好，因此其在末级缓存应用上更具竞争力。但是，SOT 的写入电流密度和每比特的写入能量仍然比 SRAM 高 10 ~ 100 倍[41]，这使得它仅对长期待机的应用场景具有吸引力。

　　根据写入电流引起的磁化方向，存在三种类型的 SOT 诱导磁化转变，如图 5.38 所示。假设写入电流在重金属中沿 X 方向流动，X/Y/Z 型意味着自由层的易磁化轴（M）分别与 X 方向 /Y 方向 /Z 方向平行。X 型和 Y 型采用面内 MTJ，而 Z 型采用面外 MTJ。X 型和 Z 型通常需要外部磁场来打破对称性，而 Y 型不需要外部磁场，但其转变速度较慢。通过一些材料结构工程的方法可以打破对称性，实现不依赖于外部磁场的切换。如图 5.39 所示，倾斜的 SOT-MRAM 单元 [42] 使用一个角度来调整椭圆形状的排列，以便与重金属导线中的电流方向一致，在没有外部磁场的情况下实现了 0.35ns 的转变速度，并且仍然保持着高热稳定性因子 $\Delta = 70$。

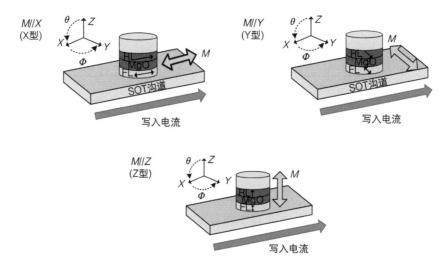

图 5.38　三种类型的 SOT 引起的磁化转变，不同类型主要取决于写入电流引起的磁化方向。图中展示了自旋翻转的轨迹

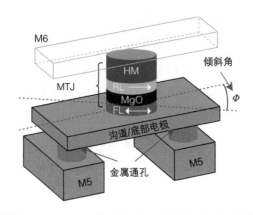

图 5.39　倾斜的 SOT-MRAM 单元打破了对称性，实现了外部磁场自由翻转

5.5　铁电存储器

5.5.1　铁电器件机理

铁电性是指一类特殊电介质中的自发极化现象。在普通电介质中，当施加外部电场时，电偶极矩会统一指向，但在去除外部电场后，电偶极矩又会恢复随机指向。而在铁电材料中，在去除外部电场后，电偶极矩仍然保持整齐排列，因此铁电体的净极化强度（P，即每单位面积的表面电荷）在零偏压下是非零的，即存在一个剩余极化（P_r）。图 5.40a 展示了铁电材料中自由能（G）与电场（E）的关系。在居里温度以上，材料是非铁电性的，而在居里温度以下，材料才表现出铁电性。铁电材料的自由能可以用势垒分隔的双能谷模型来描述，遵循朗道相变理论，可以表示为

$$G = \left(\frac{\alpha}{2}\right)P^2 + \left(\frac{\beta}{4}\right)P^4 + \left(\frac{\varsigma}{6}\right)P^6 - EP \tag{5.7}$$

式中，α、β 和 ς 是拟合参数。这两个能谷对应于系统的双稳态（极化向上和极化向下）。当自由能相对于极化的导数为零时，电场可以用下式得到：

$$\frac{\partial G}{\partial P} = 0 \rightarrow E = \alpha P + \beta P^3 + \varsigma P^5 \tag{5.8}$$

图 5.40b 展示了极化强度与电场的 $P - E$ 电滞回线。如果 A 和 B 之间的转变可以稳定，则存在负微分电容状态[43]，但在正常的电压扫描中，实际观测到的是从 B 到 D 的转变或从 A 到 C 的转变。在施加外部电场的情况下，势垒将根据电场的极性而相应地降低，因此从一种状态到另一种状态的转变将发生在阈值电场，即矫顽场（E_c）处。朗道模型可以很好地应用于单畴铁电转变。

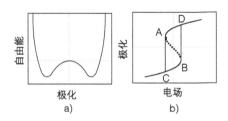

图 5.40　基于朗道模型的铁电效应物理图像：a）自由能与电场的关系；b）极化强度与电场的关系

传统的铁电材料主要是钙钛矿氧化物，例如锆钛酸铅（PZT）。然而，PZT 的制造工艺与先进硅 CMOS 工艺不兼容。21 世纪 10 年代初，人们在 HfO_2 基材料中发现了铁电性，这重

新使人们对与 CMOS 兼容的铁电材料产生了兴趣。众所周知，HfO$_2$ 已被工业界广泛用于先进逻辑晶体管的高 k/ 金属栅技术，但在高 k 栅叠层材料中使用的 HfO$_2$ 通常处于非晶相，这有利于尽可能地减小由晶粒晶向不同而引起的阈值电压的涨落。如果设计得当（如适当的高温退火），那么掺杂的 HfO$_2$ 可以在其单晶或多晶相中显示出铁电性。纯 HfO$_2$ 通常形成非极性单斜相，而在 HfO$_2$ 晶体结构中引入掺杂可以破坏对称性并将其转变为具有极性的正交相。根据杂质的位置，可能存在净电荷，或者向上或向下的电偶极矩，如图 5.41a 所示。实验显示不同的掺杂杂质，如 Si、Zr、Al、Y、Sr、Gd、La 等，都可以在 HfO$_2$ 中引发铁电性。在所有已报道的 HfO$_2$ 基铁电材料中，Si 掺杂的 HfO$_2$ 和 Zr 掺杂的 HfO$_2$（或 Hf$_x$Zr$_{1-x}$O$_2$ 合金，简写为 HZO）正成为器件集成的热门候选材料。Si 掺杂的 HfO$_2$ 需要相对较高的退火温度（700~900℃）才能结晶，因此它更适合于前端工艺（FEOL）集成或先栅工艺处理；而 HZO 结晶则仅需要相对较低的退火温度（350~450℃），因此它与 BEOL 集成或后栅工艺更兼容。

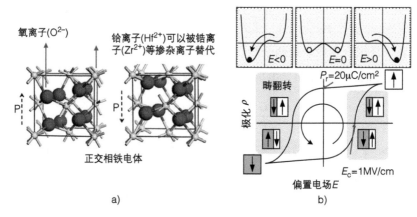

a)   b)

图 5.41　a）具有带极性的正交相的铁电 HfO$_2$ 晶体结构；
b）P–E 电滞回线显示出随着多畴转变的渐变过程

淀积的掺杂 HfO$_2$ 薄膜中可能包含许多小晶粒，这些晶粒是形成铁电畴的基础。由于晶粒之间的差异性（如 E$_c$ 不同），导致畴翻转会以成核的方式完成，即一些畴首先在某些位置翻转，然后通过畴到畴的相互作用，翻转通过整个区域传播。由于多晶铁电薄膜的多畴性质，所以实际上 P − E 电滞回线并不像朗道理论所预测的那样突变。HfO$_2$ 基铁电材料的典型参数在图 5.41b 中展示了出来，例如 P$_r$ 约为 20μC/cm^2，E$_c$ 约为 1mV/cm。P − E 电滞回线的渐变可以通过具有 tanh 函数的广义 Preisach 模型 [44] 进行经验描述，如下所示：

$$P = P_s \tanh(s \cdot (E - E_c)) + P_{offset} \tag{5.9}$$

$$s = \frac{1}{E_{c+} - E_{c-}} \log\left(\frac{P_s + P_r}{P_s - P_r}\right) \qquad (5.10)$$

$$E_c = \begin{cases} E_{c+}, & E > 0 \\ E_{c-}, & E < 0 \end{cases} \qquad (5.11)$$

式中，P_s 是饱和极化强度（也称最大极化强度）；P_r 是残余极化强度；s 是 $P - E$ 电滞回线的斜率参数；P_{offset} 是电滞回线中心沿极化轴的偏移；E_{c+} 和 E_{c-} 分别是铁电材料在正向和负向扫描过程中的矫顽场，它们分别决定了电滞回线中心沿电场轴的偏移。

　　为了从实验得到的 $P - E$ 电滞回线中提取诸如 E_c、P_r 和 P_s 等铁电参数，人们在铁电电容上广泛使用了一种正上负下（PUND）的测试方案，铁电电容中的铁电材料夹在两个电极之间。PUND 方案旨在区分铁电极化转变与正常电介质充放电效应。图 5.42a 展示了 PUND 测量法施加的电压波形，在此期间实时监测瞬态电流。第一个正脉冲使畴向上翻转，产生相对大的电流，包括极化转变电流和位移电流。如果器件被完全极化，则第二个正脉冲仅导致产生相对较小的位移电流。通过从第一个电流中减去第二个电流，就可以获得正向扫描的实际极化转变电流。类似的原理也适用于负向扫描。通过对测试期间的电流和时间进行积分，就可以计算电荷，从而重建整个 $P - E$ 电滞回线，如图 5.42b 所示。因此，可以从 PUND 测试中提取转变极化强度 $P_{sw}(P_{sw} = 2P_r)$。

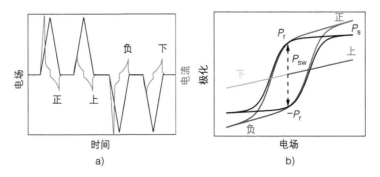

图 5.42　a）在铁电电容上进行 PUND 测量的施加电压波形，在此期间实时监测电流；b）根据 PUND 测量重建 $P - E$ 电滞回线

　　人们通常在简单的铁电电容结构上研究铁电效应的本征可靠性。铁电材料的循环耐久性通常包含唤醒（wake-up）和之后的疲劳（fatigue）过程。图 5.43 展示了耐久性测试方法和从基于 HZO 的铁电电容测量 P_{sw} 的示例，通过施加正负交替的矩形脉冲序列，可以在每个测

试点通过 PUND 测试提取 P_{sw}。值得注意的是，极化转变窗口在新制备的器件中刚开始是较小的，而随着器件经历了更多的擦写循环，P_{sw} 会增加，这个过程被称为"唤醒"。通常，在数千或数万次擦写循环后，P_{sw} 达到最大值，这时器件被完全唤醒。如果擦写循环继续，P_{sw} 可能会随着循环数而降低，经历"疲劳"过程，直到达到硬击穿（短路）。唤醒/疲劳过程通常归因于已有氧空位的重新排列和过量的氧空位生成。铁电电容的循环耐久性取决于写入电压的幅度和宽度，较小的脉冲幅度将提高循环耐久性。截至 2020 年已报道的 HZO 电容的最佳耐久性为 $10^{10} \sim 10^{11}$ 次循环。

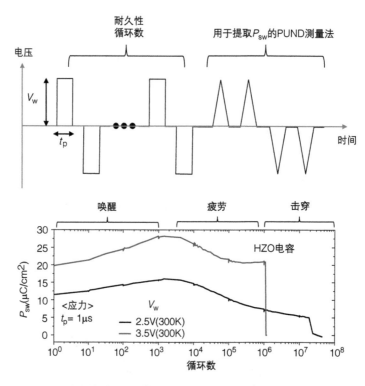

图 5.43　耐久性测试方法和测量基于 HZO 的铁电电容 P_{sw} 的示例

铁电材料的数据保持也与温度有关，P_r 在较高的温度下可能会随着时间的推移而变小，如图 5.44a 所示。类似地，Arrhenius 图也可用于提取激活能，如图 5.44b 所示。从本质上讲，P_r 的缩小体现为 $P - E$ 曲线中的电滞窗口在垂直方向上的减小。

铁电材料的另一个特有的可靠性效应是印记（imprint）效应，如图 5.45 所示，其中 $P - E$ 电滞回线沿水平偏移，特别是发生在电应力或高温作用下。印记效应推测是由于缺陷偶极子排列（如带电的氧空位）导致铁电层内部产生偏置电压。$P - E$ 电滞回线的水平偏移也将减小感应容限，这是因为零偏置时的 P_r 或 $-P_r$ 值都趋于减小。

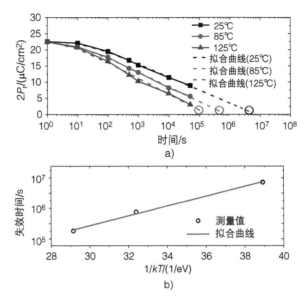

a)

b)

图 5.44　a）在高温下测量基于 HZO 的铁电电容的 $2P_r$ 的例子；b）铁电电容数据保持的 Arrhenius 图

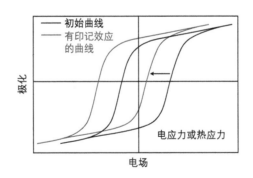

图 5.45　铁电材料的印记效应，其中 $P-E$ 电滞回线在电压或高温下发生水平偏移

对于 NVM 器件集成，存在两种类型的铁电存储器件，一种是铁电随机存取存储器（Fe-RAM），类似于 1T1C DRAM 的结构，另一种是铁电场效应晶体管（FeFET），它与 Flash 晶体管相似，其中铁电层被集成到栅叠层中。这两种器件结构将在下面的两个小节中详细讨论。

5.5.2　1T1C FeRAM

FeRAM 的基本结构是 1T1C 单元，其中选通晶体管的栅极由 WL 控制，其源极或漏极之一的接触连接到 BL，另一个接触连接到铁电电容，铁电电容的另一个电极连接到板线

（PL）。FeRAM 的原理与 DRAM 相似，但有一个明显的特点，即破坏性读取。图 5.46 展示了具有代表性的 FeRAM 读取操作的原理和波形。在 WL 被激活之前，BL 具有零初始电平；当 WL 开启时，在 WL 激活脉冲窗口的前半期间，PL 需要升高到接近写入电压的高电压。如果存储数据为 "1"，则单元将位于 $P-E$ 电滞回线中的 C 点。因此，大的正 PL 电压可以将单元从 C 点翻转到 A 点，使 BL 产生大的极化转变电流，将 BL 电压升高到参考电压以上。灵敏放大器一旦被使能，就可以进一步将 BL 电压翻转到 V_{DD}。反之，如果数据存储为 "0"，则单元将位于 $P-E$ 电滞回线中的 A 点。因此，大的正 PL 电压只能对单元从 C 点充电到 D 点，导致 BL 上产生小的非转变位移电流，无法将 BL 电压升高到参考电压以上。灵敏放大器一旦被使能，就可以进一步将 BL 电压翻转到 0。由于读取 "1" 涉及状态的转变（到 A 点），因此有必要将单元写回其原始状态（C 点）。波形设计需要让 PL 在 WL 激活脉冲窗口的后半部分期间接地。因此，铁电电容上的负电压降（PL = 地，BL = V_{DD}）将使极化从 A 点翻转回到 C 点（经由 B 点）。因此，在 FeRAM 的读取操作期间，需要主动回写来恢复数据。

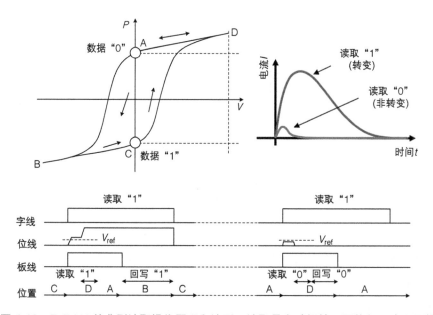

图 5.46　FeRAM 的典型读取操作原理和波形。读取具有破坏性，要执行一次回写操作

诸如 PZT 的传统钙钛矿铁电材料 FeRAM 已实现了小规模商业化，例如应用在智能卡中。FeRAM 可以确保具有高达 10^{14} 次循环的耐久性，但是由于破坏性读取问题，导致了读取操作也消耗 FeRAM 中的耐久性次数。由于 PZT 需要大于 100nm 的厚度才能表现出铁电性，因

此基于 PZT 的 FeRAM 不能很好地缩小到 130nm 节点以内。自 21 世纪 10 年代初发现掺杂的 HfO$_2$ 铁电材料以来，铁电层厚度可以在 10nm 左右，因此开发新一代 FeRAM 的兴趣再次高涨。如图 5.47a 所示，索尼展示了一个 130nm 节点的 64kbit FeRAM 原型芯片，其中基于 HZO 的平面电容集成在选通晶体管的漏极接触上 [45]，需要中等的 2.5V 写入电压，其报告称实现了低于 20ns 的快速写入和读取速度，并且具有相对较长的耐久性（10^{11} 次循环）。然而，为了将基于 HZO 的 FeRAM 缩小到更先进的节点，例如 28nm，类似 DRAM 的圆柱形电容结构是必要的，需要深宽比约为 10，从而为足够的极化电荷和感应容限保持足够的表面积，如图 5.47b 所示。如果 FeRAM 能够在这样先进的节点上成功集成，它或许是嵌入式 NVM 的一个有竞争力的候选者。

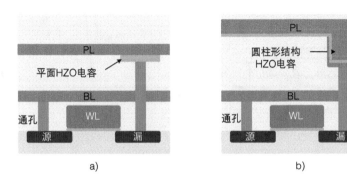

图 5.47　a）在 130nm 节点使用平面电容的 FeRAM 结构；
b）在 28nm 节点使用圆柱形 3D 堆叠电容的 FeRAM 结构

5.5.3　FeFET

FeFET 是一种三端晶体管结构，将铁电层集成到栅叠层中。由于将非常厚（> 100nm）的钙钛矿铁电层集成到先进晶体管的栅叠层中是不现实的，因此这里的 FeFET 是指基于 10nm 以内厚度的掺杂 HfO$_2$ 铁电材料的 FET，并且 FeFET 通常都是 n 型晶体管。FeFET 的原理类似于 Flash 晶体管，其阈值电压可以由正 / 负栅极电压调制，存储窗口类似地被定义为高 / 低阈值电压（V_T）的距离。然而，FeFET 和 Flash 晶体管（包括浮栅晶体管和电荷俘获型晶体管）之间的一个显著区别是 $I_D - V_G$ 电滞回线的方向是相反的。在 FeFET 中，正 / 负栅极电压使铁电畴向下 / 向上极化，因此电子被促进 / 抑制以产生沟道反型，从而导致阈值电压降低 / 增加、读出的漏极电流为高 / 低，这表明在 $I_D - V_G$ 图中为逆时针转变，如图 5.48 所示。相反，正 / 负电压会将电子注入 / 移出 Flash 晶体管的栅叠层中，因此阈值电压会增大 / 减小，读出的漏极电流为低 / 高，这表明在 $I_D - V_G$ 图中为顺时针转变。原则上，FeFET 也可以作为多比特单元存储器在 MLC 模式下操作，由于在多畴铁电薄膜中矫顽场存在一个分布范围，所以栅极编程脉冲可以通过改变电压幅度以部分极化畴，从而将器件编程为不同中间状态，如图 5.49 所示。需要指出，多比特存储能力可能会因尺寸的微缩而变差，尤其是当栅极面积减少到与铁电畴尺寸相当的尺寸时，这一尺寸通常为 10 ~ 20nm。从理论上讲，如果整个栅极只有一个铁电畴，那么 I_D - V_G 图中的突变会导致器件只有两个状态。

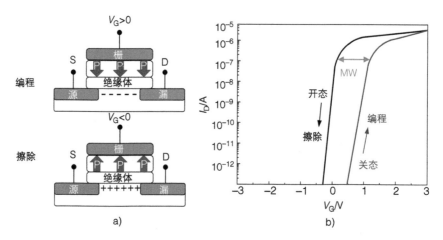

图 5.48　FeFET 中的极化示意图和相应的 I_D - V_G

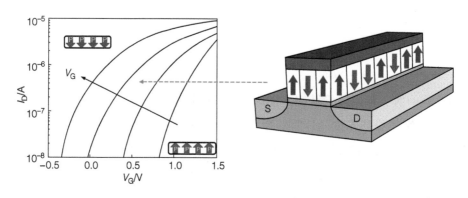

图 5.49　FeFET 中多畴的部分极化及其导致的 I_D - V_G 多值状态

即使两种器件都使用了相同的铁电材料，但是与 FeRAM 相比，FeFET 的可靠性通常更成问题。这种退化主要是由存在于铁电层和硅沟道之间的界面层（IL）导致的，IL 一般是 SiO_2，该层的存在严重影响了铁电层自身的可靠性。IL 的影响可总结如下：IL 电容和铁电电容形成电容式分压器，导致大部分写入电压降落在 IL 电容上，而不是降落在预期的铁电电容上，这是因为 IL 通常具有比铁电层更小的介电常数。为了确保正确写入，需要在栅极施加相对较大的电压，使得写入电压相对较高，通常为 3 ~ 4V。IL 中增强的电场将促使缺陷（如氧空位）的产生，缺陷可以作为捕获电子的陷阱，如图 5.50a 所示。电子捕获效应有许多影响，首先它缩小了存储窗口，并阻碍了在写入操作之后立即进行读取操作，这是因为电子捕获具有与极化转变相反的效果（即 Flash 和 FeFET 之间的差异）。随着时间的推移，电子往往会从陷阱中释放，形成弛豫过程。因此，最初减小的存储窗口可能会在一段时间后打开，使其无法在写入操作后的短时间内（例如，< μs）读取。其次，过度的电子捕获会使电子难以被陷阱释放。如果电子永久存储在栅叠层中，这将使阈值电压始终很高，导致 FeFET 中的擦除失败，这是 FeFET 循环耐久性退化的典型原因，如图 5.50b 所示，低 V_T 状态倾向于向高 V_T 状态合并。如果没有任何优化措施，那么 FeFET 的耐久性通常在 $10^5 \sim 10^6$ 次循环的范围内。第三，在 IL 处的电子积累将在铁电层内引起与电偶极子方向相反的电场，产生去极化场，从而降低 FeFET 的数据保持。总结来说，IL 已知是对 FeFET 性能和可靠性不利的。

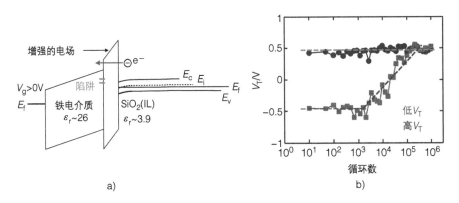

图 5.50　a）增强的电场引起的界面层电子捕获；b）FeFET 循环耐久性退化的一个例子

有几种策略可以通过先进器件工程来减轻或消除 IL 的影响。首先，可以使用介电常数高于 SiO_2 的 IL 材料，例如对界面进行氮化处理以形成 SiO_xN_y[46]。其次，可以使用不容易形成界面层的非硅沟道材料，如氧化物沟道材料，包括 W 掺杂的 In_2O_3[47] 等。第三，添加金属中间层来分离铁电层和 IL 可以使金属 - 铁电 - 金属（MFM）铁电电容和下面的 MOS 电容设计解耦。通过调整两个电容之间的面积比，电压降可以大部分转移到铁电层[48]。有了这些策略，FeFET 的写入电压可以降低到低于 2V 的范围，且 FeFET 的耐久性可以提高到 $10^{10} \sim 10^{12}$ 次循环，这在许多应用场景都具有很强的吸引力了。

先进 FeFET 集成的另一个挑战是离散性。如图 5.51a 所示，编程和擦除状态的 V_T 分布可能在尾比特处有明显的扩展，并可能发生交叠。这是畴与畴之间存在离散性的结果。如图 5.51b[49] 所示，刚制备的铁电薄膜可能存在许多不同微观结构的晶粒，这些晶粒有不同的相，一些处于铁电相，还有一些处于非铁电相，此外晶粒尺寸的离散性也很大，从而导致铁电相中存在不同的 P_r 和 E_c 参数。因此需要进一步的器件工程来纯化和统一铁电相。

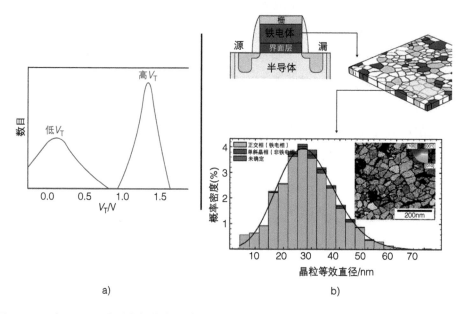

a)   b)

图 5.51 a）FeFET 阵列中阈值电压涨落的示意图；b）基于 HZO 铁电薄膜的晶粒尺寸涨落

截至 2020 年，FeFET 已在工业平台上实现了验证。例如，格罗方德报道了采用 Si 掺杂的 HfO_2 铁电栅叠层，在 28nm 节点的高 k/ 金属栅平台上制备的 FeFET[50]，以及在 22nm 节点的全耗尽型绝缘体上硅（FDSOI）平台上的 FeFET[51]，应用目标为嵌入式 NVM。英特尔报道了一种面向嵌入式 DRAM 应用的背栅 FeFET 原型器件，在更长的耐久性但是更短的数据保持方面进行了折中设计 [52]。表 5.7 总结了这些原型器件的性能。与其他新型 NVM 相比，FeFET 具有一个显著的优势，由于其电场驱动的转变机制而使其具有的超低的写入能量，接近 fJ/bit 量级。由于与闪存晶体管的相似性，FeFET 有可能堆叠在垂直沟道 3D NAND 结构中 [53]，为超高密度 NVM 提供了一种潜在的解决方案。与 NAND 闪存相比，FeFET 具有更低的写入电压和更快的写入速度。FeFET 的多比特能力也吸引了开发模拟突触器件的兴趣，以支持深度神经网络加速 [54]。总之，FeFET 的机遇是巨大的。

表 5.7　近期 FeFET 原型芯片的调研

工艺节点	格罗方德 22nm FD-SOI	格罗方德 28nm HKMG	英特尔背栅（L_g=76nm）
	IEDM 2017	IEDM 2016	IEDM 2020
目标应用	eFlash	eFlash	eDRAM/DRAM
存储窗口	1.5V	1V	0.85V
单元面积	$51.7F^2/0.025\mu m^2$	$57.4F^2/0.045\mu m^2$	N/A
写入电压	4.2V	3 ~ 4V	1.8V
写入脉冲宽度	10ns	1 ~ 10μs	10ns
写入耐久性	10^5	10^5	10^{12}
数据保持	10 年 @105℃	10 年 @105℃	较短（>10ms）@85℃

5.6　存算一体（CIM）

5.6.1　CIM 原理

近年来，机器学习算法的成功激发了一股设计硬件加速器的浪潮，用于深度神经网络（DNN）模型的高效运行。由于数据量巨大，机器学习加速的主要挑战是数据在计算单元和存储单元之间频繁地来回移动，即传统冯·诺依曼架构中的存储墙问题。为此，存算一体（CIM）被认为是一种很有前景的范式，因为它将计算直接融合进存储子阵列中。DNN 计算过程中，大部分是输入向量和权重矩阵之间的向量矩阵乘法（VMM），本质上执行的是乘累加（MAC）运算。CIM 十分适合在机器学习任务中加速 VMM[55]。

如图 5.52 所示，如果以 CIM 方式执行 VMM，这种具有互相垂直的输入行和输出列的交叉阵列可以显著提高效率。DNN 模型的权重可以映射为子阵列中存储单元的电导，而输入矢量作为电压并行加载到行，然后在模拟域中进行乘法运算（即输入电压乘以权重电导），并使用沿列的电流求和来生成输出矢量。在这里，我们用一个黑盒来概念性地表示承载权重的突触存储单元，突触存储器的实际实现可以是 1T1R 结构（用于 RRAM/PCM/STT-MRAM）、1T1F 结构（用于 FeFET/Flash）或 8T SRAM。权重主要由 1T1R 中电阻单元的电导、具有可调阈值电压的三端晶体管的沟道电导表示，或者像 SRAM 中一样，由锁存状态确定的沟道开关状态表示。

子阵列边缘的模数转换器（ADC）通常用于将加权和（由于子阵列大小有限，所以这里通常为网络层中的部分和）转换为二进制多比特数，用于后续数字处理，例如移位相加、累加、激活和池化。因此，CIM 本质上是一种具有模拟计算核心和数字外围处理的混合信号方案。理论上，如果所有行和列同时生效开启，VMM 可以以完全并行的方式进行。但是实际上，由于 ADC 的感应分辨率有限，或者列节距与 ADC 大小之间的不匹配，一般只有部分行或列被同时开启。

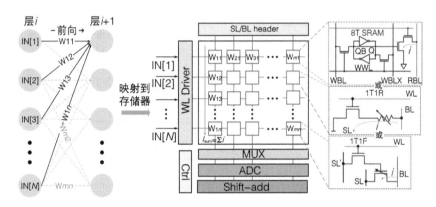

图 5.52　存算一体（CIM）范式示意图。神经网络的一层被映射到存储器子阵列中。输入作为电压并行加载以激活多行，列电流由模数转换器（ADC）相加并数字化。这里的存储器单元可以通过 1T1R、1T1F 或 8T SRAM 来实现

　　CIM 可以支持多比特权重／输入／输出精度。多比特权重可以划分为多个单元，这取决于存储单元的精度。例如，如果每个单元使用 4 位精度，则 8 位权重可以由 2 个存储单元（在 2 列中）表示。然后，ADC 之后的输出将需要经过移位相加过程，以重建多列的计算结果。输入精度可以被编码为模拟电平或多个脉冲周期，依次加载在行上。由于输入电压的动态范围有限，以保证不会扰动存储器状态和超出 DAC 量程，实际中输入精度通常通过多个周期来实现。例如，一个 8 位的输入可以用 8 个周期来表示，伴随着一个移位相加过程。

　　为了表示正权重和负权重，有几种方法：①使用两个存储单元的互补（例如，在两个相邻列中）或两个差分子阵列。两列之间的减法可以通过 ADC 之前的模拟方式或 ADC 之后的数字方式实现；②使用虚设列，其中存储单元被编程到多比特电导范围的中值水平（或者使用两个二进制单元的开／关状态组合平均）。然后将最大正／负权重映射到存储单元的最大／最小电导。类似地，通过 ADC 之前的模拟方式或 ADC 之后的数字方式实现数据列和虚设列之间的减法；③如果存储单元是二进制的，则使用 2 的补码。第一个比特位因此成为符号位。CIM 阵列首先执行无符号 VMM，然后根据比例和符号信息利用外围电路获得正确的输出。

VMM 本质上执行对存储器子阵列的并行读取操作。为了对权重进行编程以初始化 DNN 模型，从而进行后续推理或在原位训练期间更新权重，需要先在存储器子阵列中进行写入操作，写入通常以逐行的方式完成，完全并行写入方案是可能的，但同时写入整个子阵列的巨大功耗实际上或许令人望而却步。写 - 校验方法被广泛使用，以精确地调制用于推理的存储单元的电导。

5.6.2　突触器件属性

推理硬件设计表示先对 DNN 模型进行软件上的预训练，然后需要一次性编程来将权重加载到存储器子阵列中。而训练硬件设计则表示在运行时动态学习权重。原位训练和片上训练这两个概念之间有细微的区别。众所周知，训练通常需要比推理更高的权重精度。原位训练是指单个存储单元本身具有足够高的精度来表示权重，并且权重更新发生在存储单元在中间状态之间阻变时。权重变化量由外围电路计算，并被转换为写入脉冲的数量或脉冲幅度。为了简化外围电路的设计，与变幅度或变宽度的脉冲方案相比，相同脉冲方案是优选的。片上训练不一定需要单个存储单元来表示高精度权重，它可以使用从最高有效位（MSB）到最低有效位（LSB）的多个单元。权重变化量由外围电路计算，并转换为二进制位以写入从 MSB 到 LSB 的单元。在这种情况下，片上训练类似于将数据写入数字存储阵列。

下文对 CIM 中具有重要性的器件特性进行分析。需要注意的是，有些特性要求可能与数据存储的要求不同。下面首先讨论对推理过程很重要的器件特性，在推理过程尤其需要大量的读取操作。

开态电阻： R_{on} 是决定能量效率的关键参数。由于推理是读取密集型的操作，因此 ADC 中的电流消耗与单个存储单元的 R_{on} 成正比。作为平衡功率和延迟的设计指南，R_{on} 应该在 $100kΩ \sim 1MΩ$ 的范围内取值。在所有的 eNVM 中，FeFET 具备很大的灵活性来满足这个目标范围，因为它的沟道电阻可以通过栅极偏压来调制。此外，专门针对 CIM 设计的新工艺也颇具前景，例如具有特别设计的较厚氧化层势垒的 SOT-MRAM 可以将 R_{on} 增加到 MΩ 范围[56]。

开关比： 大多数 eNVM 可以实现大于 10 的开关比，但 MRAM 除外，其开关比大约为 2。假设电导之间的离散性能得到很好的控制，这时如果使用虚设列或参考阵列来减去关态电流，那么小的开关比倒不是大问题，相加得到的电流仍然可以以差分读取的方式来区分。

多值操作： 更高的集成密度需要多值操作支持。SRAM 和 MRAM 本质上是二值的，而其他 eNVM 通常支持多值操作，一般可以实现每个单元 2 ~ 3bit。多比特单元通常利用材料的部分转变来实现。如图 5.53 所示，RRAM 依赖于导电细丝强度的调制，PCM 依赖于非晶相体积的调制，FeFET 依赖于部分翻转畴的调制。通过特殊工程设计，每个单元 5bit 的 FeFET[54]、每个单元 5bit 的 RRAM[57] 以及每个单元 10bit 的 PCM[58] 已被证明了具有可实现性。众所周知，从算法的角度来看，推理所需的精度低于训练。通常，每个单元 2 ~ 3bit 就足够用于推理了，而原位训练则需要每个单元 7 ~ 8bit。

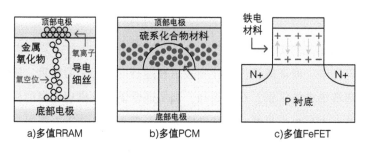

图 5.53　多位突触存储器一览

数据保持：对于推理过程，权重随时间的稳定性非常重要，这里可以转述为 eNVM 电导的保持能力。影响数据保持的机制包括短期弛豫（初始编程后）、长期漂移（尤其是在高温情况下）和读取干扰（电压影响）。电导漂移可能有不同的情况，如图 5.54a 所示。DNN+NeuroSim[59] 是一套从器件到系统的评估框架，可以用来估计推理准确率的下降。图 5.54b 展示了 CIFAR-10 图像识别的推理准确率随时间的变化，而电导被假设向不同的最

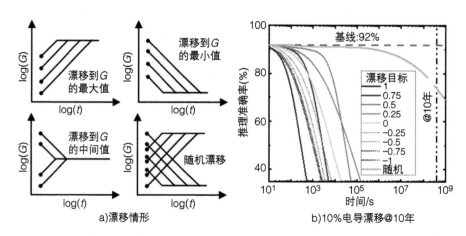

图 5.54　a）不同初始阻态下的电导漂移的各种情况；b）考虑电导漂移的 CIFAR-10 推理准确率与时间的关系

终状态漂移（根据算法的权重范围，从 −1 到 1），或假设为随机漂移，10 年内电导漂移率为 10%。结果表明，在漂移方向固定的情况下，漂移到最大或最小状态比漂移到中间状态将更快地降低准确率，而随机漂移对于保持推理准确率来说是最稳健的。目前仍然需要更多的实验表征，以完全刻画 eNVM 的中间状态的稳定性。

接下来，我们将讨论对训练过程很重要的器件特性，这里需要仔细考虑写入操作。

写入电压：许多 eNVM（包括 RRAM/PCM/FcFET）的写入电压仍在 2 ~ 3V 的范围内，高于一般的逻辑工艺的电源电压（0.7 ~ 1V），因此需要能够转换电压范围的电平移位器。由于电平移位器使用 I/O 晶体管，因此它可能占用很大一部分面积。STT-MRAM/SOT-MRAM 则天然地提供低写入电压（约 1V 或以下）。

耐久性：训练需要对存储单元进行频繁的写入操作，然而人们通常认为，对于当前的 eNVM 来说，训练过程对耐久性要求是难以实现的。但结果表明，如果使用批处理模式训练，对于大多数图像识别训练任务，约 10^6 次循环的耐久性是足够的。此外值得注意的是，权重更新是增量过程，因此 eNVM 的阻变并不是完全在最高电导和最低电导之间转变，而中间状态的阻变可以放宽对耐久性的要求。例如，一个典型的 RRAM 单元可以在全窗口阻变中循环约 10^5 次，而在中间状态之间可以维持约 10^{11} 次循环[60]。

离散性：在迭代训练中，器件与器件之间的离散性在一定程度上是可以容忍的，并且可以通过写 - 校验方法来优化推理。对于原位训练来说，如果随机性超过了确定性的权重更新方向，那么循环与循环之间的离散性更成问题。然而，训练过程中注入的少量噪声实际上可以提高 DNN 模型对后续推理过程中离散性的抵抗能力，主要是防止系统收敛到局部极小值，这时其损失函数的能量图景较浅（因此对离散性不敏感）。

不对称性和非线性度：众所周知，权重更新曲线（电导与编程脉冲个数的关系）中的不对称性和非线性度是显著降低原位训练精度的最关键特性。图 5.55a ~ c 展示了理想的权重更新曲线和行为级模型，该模型将非线性度用从 0 ~ 8 的数字量化，不对称性则标记为 +/−。图 5.55d 表明，如果器件表现出不对称性，则原位训练准确率会随着非线性度的增大而迅速下降[61]。算法技巧（权重更新中的 Tiki-Taka 方法[62] 和动量方法[63]）可以放松一些对线性度和对称性的要求。然而，对于复杂的数据集来说，实现可与软件比拟的原位训练精度仍然相当具有挑战性。最近提出了替代性的混合精度突触设计[64, 65]，该设计利用易失性电容进行对称性和线性度微调，并利用非易失性存储器单元进行粗调，从而达到接近软件水平的训练准确率。应该指出的是，非线性度和不对称性不是推理过程中的问题，因为写 - 校验方法可以强制形成算法中的权重和 eNVM 器件电导之间的线性映射。

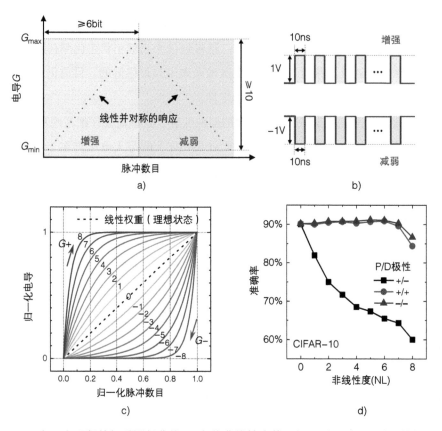

图 5.55 a）、b）理想的权重更新曲线，c）将非线性度从 0 标记到 8，将不对称性标记为 +/− 的行为级模型，以及 d）由此导致的 CIFAR-10 数据集的推理准确率下降

5.6.3 CIM 原型芯片

在所有存储器工艺中，SRAM 是 CIM 的较成熟的备选，在 5nm 及以下具有最先进的工艺可行性。然而，静态功耗将是大容量 SRAM 阵列的主要问题。6T SRAM 是最紧凑的比特单元，但是当多行被激活时，就会存在读取干扰。降低 WL 电压将有所帮助，但可以打开的行数相当有限。8T SRAM 解耦读写路径，从而为 CIM 设计提供了更大的灵活性。代工厂通常会提供 6T 和 8T SRAM 紧凑型设计规则。如果进一步更改比特单元，例如添加更多晶体管或更改互连路由，则必须采用手工的逻辑设计规则，从版图的角度来看，这将导致集成密度（2～4 倍）大大降低。在传统工艺节点（例如 65nm）中，有更大的空间来修改比特单元和重新组织路由互连，但在先进工艺节点（如 28nm 及以下）中，代工通常不提供例外改变的机会。

截至 2020 年，基于 SRAM 和 RRAM 的 CIM 原型芯片已验证了推理功能。7nm 8T SRAM[66]

和 22nm RRAM（每个单元 1bit）[67] 已与外围 ADC 电路集成，实现了并行计算。由于大多数加速器设计都支持固定精度计算（但不同设计的精度不同），通常建议将性能指标归一化为相同的输入和权重精度，以便进行公平比较。这里，8bit × 8bit MAC 被定义为两个操作。

图 5.56 展示了 CIM 原型芯片和其他加速器平台，包括 GPU、数字专用集成电路（ASIC）（如张量处理单元（TPU）[68] 及其变体）的性能对比，这里以按每秒万亿次操作运算，即 TOPS 为单位，也对比了功率（以 W 为单位）。在该图中，星形点是通过 DNN+NeuroSim 模拟的结果，直线是等能效线（单位 TOPS/W）。可以从图中观察到一些结论。首先，在前沿节点（如 7nm）处，SRAM CIM 实现了最佳能效（对于 8bit × 8bit MAC，接近 100TOPS/W），并且它比 GPU 或 TPU 高 10 ~ 100 倍。在具有成本效益的节点（如 22nm）处，RRAM CIM 也可以接近 10TOPS/W。RRAM CIM 的能效低于 SRAM 的部分原因是未优化的 R_{on}（与所需的 >100kΩ 相反，RRAM 只有几 kΩ）。在这一方面，FeFET CIM 可以实现与 SRAM 相当甚至更好的能效，但截至 2020 年，FeFET-CIM 原型芯片尚待验证。第二，图中的 CIM 原型芯片数据通常是从存储容量有限的小型宏电路中收集的，因此芯片吞吐量通常较小，功耗较低。如果使用可扩展的体系结构，为更大规模的系统复制多个宏电路，那么 CIM 原型芯片的吞吐量和功率可能与宏电路的数量成线性比例。因此，CIM 仍然可以保持在同一条直线上，保持其卓越的能量效率。然而，需要指出的是，CIM 通常面向有功耗限制的边缘端应用，而 GPU/TPU 则主要面向高性能云计算。

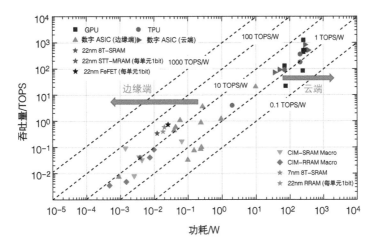

图 5.56　CIM 原型芯片和其他加速器平台，包括 GPU、诸如 TPU 的 ASIC 及其变体报道的性能（单位 TOPS）与功耗（单位 W）的调研结果。在该图中，星形点为 DNN+NeuroSim 模拟得到的数据

图 5.57 展示了以 TOPS/mm² 表示的计算效率与以 TOPS/W 表示的能量效率之间的关系。在该图中，直线表示以 W/mm² 表示的功率密度。如果使用成熟的工艺节点（如 22nm 及以上），大多数 CIM 设计的功率密度会很低。7nm SRAM CIM 原型芯片由于有更小的单元绝对面积而具有更高的计算效率，但同时也导致了高功率密度。

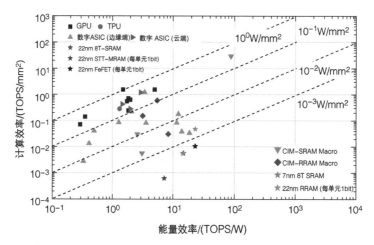

图 5.57　CIM 原型芯片和其他加速器平台，包括 GPU、诸如 TPU 的 ASIC 及其变体报道的计算效率（单位 TOPS/mm²）与能量效率（单位 TOPS/W）的调研结果。在该图中，星形点为 DNN+NeuroSim 模拟得到的数据

尽管有提高能效的前景，但是 CIM 范式在以下方面还存在挑战[69]。第一，混合信号计算方案本身易于产生噪声或涨落，即使采用相同的输入和权重精度，推理准确率通常也低于相应的数字计算准确率。空间涨落源于晶体管失配和 eNVM 电导离散性等，而时间涨落则源于热噪声和 eNVM 电导的不稳定性和老化等。第二，当被并行访问时，eNVM 器件相对低的 R_{on} 可能导致较大的列电流，因此需要增大尺寸的 MUX 以避免传输门晶体管上的显著电压降，而增大尺寸的 MUX 占据了很大一部分面积，并贡献了很大的负载电容。此外，大的列电流将流入到 ADC，导致 ADC 处的过量功耗。第三，对于一些 eNVM 器件，如 RRAM、PCM 和 FeFET，其相对高的写入电压将需要使用大的 I/O 晶体管作为电平移位器，从而引入显著的面积开销。吞吐量和能源效率的提高对于实时决策和功率受限的边缘设备是非常有益的。CIM 范式的潜在缺点，如准确率下降，对于某些类型的边缘应用来说是可以容忍的，并且可以通过算法（如离散性感知训练）来缓解[70]。在传感器或摄像头前端本地处理信息的能力有利于节省带宽和能源，减少了将数据无线发送回云端的数据量。安全和隐私考虑是开发边缘智能平台的另一个动机，因为用户可能不愿意共享个人数据。因此，CIM 是一种有竞争力的计算范式，未来需要进一步的研究和投资。

参 考 文 献

[1] S. Yu, P.-Y. Chen, "Emerging memory technologies: recent trends and prospects," *IEEE Solid-State Circuits Magazine*, vol. 8, no. 2, pp. 43–56, 2016. doi: 10.1109/MSSC.2016. 2546199

[2] X. Peng, R. Madler, P.-Y. Chen, S. Yu, "Cross-point memory design challenges and survey of selector device characteristics," *Journal of Computational Electronics*, vol. 16, no. 4, pp. 1167–1174, 2017. doi: 10.1007/s10825-017-1062-z

[3] J.-J. Huang, Y.-M. Tseng, W.-C. Luo, C.-W. Hsu, T.-H. Hou, "One selector-one resistor (1S1R) crossbar array for high-density flexible memory applications," *IEEE International Electron Devices Meeting (IEDM)*, 2011, pp. 31.7.1–31.7.4. doi: 10.1109/IEDM.2011.6131653

[4] W. Lee, J. Park, J. Shin, J. Woo, S. Kim, G. Choi, S. Jung, S. Park, D. Lee, E. Cha, H.D. Lee, S.G. Kim, S. Chung, H. Hwang, "Varistor-type bidirectional switch (J_{MAX}>10^7A/ cm^2, selectivity~10^4) for 3D bipolar resistive memory arrays," *IEEE Symposium on VLSI Technology*, 2012, pp. 37–38. doi: 10.1109/VLSIT.2012.6242449

[5] L. Zhang, B. Govoreanu, A. Redolfi, D. Crotti, H. Hody, V. Paraschiv, S. Cosemans, C. Adelmann, T. Witters, S. Clima, Y.-Y. Chen P. Hendrickx, D.J. Wouters, G. Groeseneken, M. Jurczak, "High-drive current (>1MA/cm^2) and highly nonlinear (>10^3) TiN/amorphous-Silicon/TiN scalable bidirectional selector with excellent reliability and its variability impact on the 1S1R array performance," *IEEE International Electron Devices Meeting (IEDM)*, 2014, pp. 6.8.1–6.8.4. doi: 10.1109/IEDM.2014.7047000

[6] Q. Luo, X. Xu, H. Lv, T. Gong, S. Long, Q. Liu, H. Sun, L. Li, N. Lu, M. Liu, "Fully BEOL compatible TaOx-based selector with high uniformity and robust performance," *IEEE International Electron Devices Meeting (IEDM)*, 2016, pp. 11.7.1–11.7.4. doi: 10.1109/IEDM.2016.7838399

[7] K. Virwani, G.W. Burr, R.S. Shenoy, C.T. Rettner, A. Padilla, T. Topuria, P.M. Rice, G. Ho, R.S. King, K. Nguyen, A.N. Bowers, M. Jurich, et al., "Sub-30nm scaling and high-speed operation of fully-confined access-devices for 3D crosspoint memory based on mixed-ionic-electronic-conduction (MIEC) materials," *IEEE International Electron Devices Meeting (IEDM)*, 2012, pp. 2.7.1–2.7.4. doi: 10.1109/IEDM.2012.6478967

[8] S.G. Kim, T.J. Ha, S. Kim, J.Y. Lee, K.W. Kim, J.H. Shin, Y.T. Park, S.P. Song, et al., "Improvement of characteristics of NbO$_2$ selector and full integration of 4F^2 2x-nm tech 1S1R ReRAM," *IEEE International Electron Devices Meeting (IEDM)*, 2015, pp. 10.3.1–10.3.4. doi: 10.1109/IEDM.2015.7409668

[9] D. Kau, S. Tang, I.V. Karpov, R. Dodge, B. Klehn, J. Kalb, J. Strand, A. Diaz, N. Leung, J. Wu, S. Lee, et al., "A stackable cross point phase change memory," *IEEE International Electron Devices Meeting (IEDM)*, 2009, pp. 1–4. doi: 10.1109/IEDM.2009.5424263

[10] M.-J. Lee, D. Lee, H. Kim, H.-S. Choi, J.-B. Park, H.G. Kim, Y.-K. Cha, U.-I. Chung, I.-K. Yoo, K. Kim, "Highly-scalable threshold switching select device based on chaclogenide glasses for 3D nanoscaled memory arrays," *IEEE International Electron Devices Meeting (IEDM)*, 2012, pp. 2.6.1–2.6.3. doi: 10.1109/IEDM.2012.6478966

[11] Y. Koo, K. Baek, H. Hwang, "Te-based amorphous binary OTS device with excellent selector characteristics for X-point memory applications," *IEEE Symposium on VLSI Technology*, 2016, pp. 1–2. doi: 10.1109/VLSIT.2016.7573389

[12] S.H. Jo, T. Kumar, S. Narayanan, W.D. Lu, H. Nazarian, "3D-stackable crossbar resistive memory based on field assisted superlinear threshold (FAST) selector," *IEEE International Electron Devices Meeting (IEDM)*, 2014, pp. 6.7.1–6.7.4. doi: 10.1109/ IEDM.2014.7046999

[13] Q. Luo, X. Xu, H. Liu, H. Lv, T. Gong, S. Long, Q. Liu, H. Sun, W. Banerjee, L. Li, N.

Lu, M. Liu, "Cu BEOL compatible selector with high selectivity (>10[7]), extremely low off-current (~pA) and high endurance (>10[10])," *IEEE International Electron Devices Meeting (IEDM)*, 2015, pp. 10.4.1–10.4.4. doi: 10.1109/IEDM.2015.7409669

[14] F. Arnaud, P. Ferreira, F. Piazza, A. Gandolfo, P. Zuliani, P. Mattavelli, E. Gomiero, et al., "High density embedded PCM cell in 28nm FDSOI technology for automotive micro-controller applications," *IEEE International Electron Devices Meeting (IEDM)*, 2020, pp. 24.2.1–24.2.4. doi: 10.1109/IEDM13553.2020.9371934

[15] F. Arnaud, P. Zuliani, J.P. Reynard, A. Gandolfo, F. Disegni, P. Mattavelli, E. Gomiero, et al., "Truly innovative 28nm FDSOI technology for automotive micro-controller applications embedding 16MB phase change memory," *IEEE International Electron Devices Meeting (IEDM)*, 2018, pp. 18.4.1–18.4.4. doi: 10.1109/IEDM.2018.8614595

[16] J.Y. Wu, Y.S. Chen, W.S. Khwa, S.M. Yu, T.Y. Wang, J.C. Tseng, Y.D. Chih, C.H. Diaz, "A 40nm low-power logic compatible phase change memory technology," *IEEE International Electron Devices Meeting (IEDM)*, 2018, pp. 27.6.1–27.6.4. doi: 10.1109/IEDM.2018.8614513

[17] Y. Choi, I. Song, M.-H. Park, H. Chung, S. Chang, B. Cho, J. Kim, et al., "A 20nm 1.8 V 8Gb PRAM with 40MB/s program bandwidth," *IEEE International Solid-State Circuits Conference (ISSCC)*, 2012, pp. 46–48. doi: 10.1109/ISSCC.2012.6176872

[18] M. Zhu, K. Ren, Z. Song, "Ovonic threshold switching selectors for three-dimensional stackable phase-change memory," *MRS Bulletin*, vol. 44, no. 9, pp. 715–720, 2019. doi: 10.1557/mrs.2019.206

[19] Reverse Engineering Report on 3D X-point by TechInsights, https://www.techinsights.com/blog/intel-3d-xpoint-memory-die-removed-intel-optanetm-pcm-phase-change-memory

[20] B. Govoreanu, G.S. Kar, Y. Chen, V. Paraschiv, S. Kubicek, A. Fantini, I.P. Radu, L. Goux, S. Clima, R. Degraeve, N. Jossart, O. Richard, T. Vandeweyer, K. Seo, P. Hendrickx, G. Pourtois, H. Bender, L. Altimime, D.J. Wouters, J.A. Kittl, M. Jurczak, "10×10nm[2] Hf /HfO$_x$ crossbar resistive RAM with excellent performance, reliability and low-energy operation," *IEEE International Electron Devices Meeting (IEDM)*, 2011, pp. 31.6.1–31.6.4. doi: 10.1109/IEDM.2011.6131652

[21] Y.Y. Chen, B. Govoreanu, L. Goux, R. Degraeve, Andrea Fantini, G.S. Kar, D.J. Wouters, G. Groeseneken, J.A. Kittl, M. Jurczak, L. Altimime, "Balancing SET/RESET pulse for > 1E10 endurance in HfO$_2$/Hf 1T1R bipolar RRAM," *IEEE Transactions on Electron Devices*, vol. 59, no. 12, pp. 3243–3249, 2012. doi: 10.1109/TED.2012.2218607

[22] Y.Y. Chen, R. Degraeve, S. Clima, B. Govoreanu, L. Goux, A. Fantini, G.S. Kar, G. Pourtois, G. Groeseneken, D.J. Wouters, M. Jurczak, "Understanding of the endurance failure in scaled HfO$_2$-based 1T1R RRAM through vacancy mobility degradation," *IEEE International Electron Devices Meeting (IEDM)*, 2012, pp. 20.3.1–20.3.4. doi: 10.1109/IEDM.2012.6479079

[23] S.-S. Sheu, M.-F. Chang, K.-F. Lin, C.-W. Wu, Y.-S. Chen, P.-F. Chiu, C.-C. Kuo, Y.-S. Yang, P.-C. Chiang, W.-P. Lin, C.-H. Lin, H.-Y. Lee, P.-Y. Gu, S.-M. Wang, F.T. Chen, K.-L. Su, C.-H. Lien, K.-H. Cheng, H.-T. Wu, T.-K. Ku, M.-J. Kao, M.-J. Tsai, "A 4Mb embedded SLC resistive-RAM macro with 7.2ns read-write random-access time and 160ns MLC-access capability," *IEEE International Solid-State Circuits Conference (ISSCC)*, 2011, pp. 200–202. doi: 10.1109/ISSCC.2011.5746281

[24] A. Kawahara, R. Azuma, Y. Ikeda, K. Kawai, Y. Katoh, K. Tanabe, T. Nakamura, Y. Sumimoto, N. Yamada, N. Nakai, S. Sakamoto, Y. Hayakawa, K. Tsuji, S. Yoneda, A. Himeno, K. Origasa, K. Shimakawa, T. Takagi, T. Mikawa, K. Aono, "An 8Mb multi-layered cross-point ReRAM macro with 443MB/s write throughput," *IEEE International Solid-State Circuits Conference (ISSCC)*, 2012, pp. 432–434. doi: 10.1109/ISSCC.2012.6177078

[25] C. Ho, S.-C. Chang, C.-Y. Huang, Y.-C. Chuang, S.-F. Lim, M.-H. Hsieh, S.-C. Chang, H.-H. Liao, "Integrated HfO$_2$-RRAM to achieve highly reliable, greener, faster, cost-effective, and scaled devices," *IEEE International Electron Devices Meeting (IEDM)*, 2017, pp. 2.6.1–2.6.4. doi: 10.1109/IEDM.2017.8268314

[26] C.-C. Chou, Z.-J. Lin, P.-L. Tseng, C.-F. Li, C.-Y. Chang, W.-C. Chen, Y.-D. Chih, T.-Y.J. Chang, "An N40 256K×44 embedded RRAM macro with SL-precharge SA and low-voltage current limiter to improve read and write performance," *IEEE International Solid-State Circuits Conference (ISSCC)*, 2018, pp. 478–480. doi: 10.1109/ISSCC.2018.8310392

[27] C.F. Yang, C.-Y. Wu, M.-H. Yang, W. Wang, M.-T. Yang, T.-C. Chien, V. Fan, et al., "Industrially applicable read disturb model and performance on Mega-bit 28nm embedded RRAM," *IEEE Symposium on VLSI Technology*, 2020, pp. 1–2. doi: 10.1109/VLSITechnology18217.2020.9265060

[28] C.-C. Chou, Z.-J. Lin, C.-A. Lai, C.-I. Su, P.-L. Tseng, W.-C. Chen, W.-C. Tsai, et al., "A 22nm 96K×144 RRAM macro with a self-tracking reference and a low ripple charge pump to achieve a configurable read window and a wide operating voltage range," *IEEE Symposium on VLSI Circuits*, 2020, pp. 1–2. doi: 10.1109/VLSICircuits18222.2020.9163014

[29] P. Jain, U. Arslan, M. Sekhar, B.C. Lin, L. Wei, T. Sahu, J. Alzate-Vinasco, et al., "A 3.6 Mb 10.1 Mb/mm^2 embedded non-volatile ReRAM macro in 22nm FinFET technology with adaptive forming/set/reset schemes yielding down to 0.5 V with sensing time of 5ns at 0.7 V," *IEEE International Solid-State Circuits Conference (ISSCC)*, 2019, pp.212–214. doi: 10.1109/ISSCC.2019.8662393

[30] T.-Y. Liu, T.H. Yan, R. Scheuerlein, Y. Chen, J.K. Lee, G. Balakrishnan, G. Yee, H. Zhang, A. Yap, J. Ouyang, et al., "A 130.7mm^2 2-layer 32Gb ReRAM memory device in 24nm technology," *IEEE International Solid-State Circuits Conference (ISSCC)*, 2013, pp. 210–211. doi: 10.1109/ISSCC.2013.6487703

[31] R. Fackenthal, M. Kitagawa, W. Otsuka, K. Prall, D. Mills, K. Tsutsui, J. Javanifard, et al., "A 16Gb ReRAM with 200MB/s write and 1GB/s read in 27nm technology," *IEEE International Solid-State Circuits Conference (ISSCC)*, 2014, pp. 338–339. doi: 10.1109/ISSCC.2014.6757460

[32] W.J. Gallagher, S.S.P. Parkin, "Development of the magnetic tunnel junction MRAM at IBM: from first junctions to a 16-Mb MRAM demonstrator chip," *IBM Journal of Research and Development*, vol. 50, no. 1, pp. 5–23, 2006. doi: 10.1147/rd.501.0005

[33] V.B. Naik, K. Yamane, T.Y. Lee, J. Kwon, R. Chao, J.H. Lim, N.L. Chung, et al., "JEDEC-qualified highly reliable 22nm FD-SOI embedded MRAM for low-power industrial-grade, and extended performance towards automotive-grade-1 applications," *IEEE International Electron Devices Meeting (IEDM)*, 2020, pp. 11.3.1–11.3.4. doi: 10.1109/IEDM13553.2020.9371935

[34] O. Golonzka, J.-G. Alzate, U. Arslan, M. Bohr, P. Bai, J. Brockman, B. Buford, et al., "MRAM as embedded non-volatile memory solution for 22FFL FinFET technology," *IEEE International Electron Devices Meeting (IEDM)*, 2018, pp. 18.1.1–18.1.4. doi: 10.1109/IEDM.2018.8614620

[35] Y.-C. Shih, C.-F. Lee, Y.-A. Chang, P.-H. Lee, H.-J. Lin, Y.-L. Chen, C.-P. Lo, et al., "A reflow-capable, embedded 8Mb STT-MRAM macro with 9ns read access time in 16nm FinFET logic CMOS process," *IEEE International Electron Devices Meeting (IEDM)*, 2020, pp. 11.4.1–11.4.4. doi: 10.1109/IEDM13553.2020.9372115

[36] Y.J. Song, J.H. Lee, S.H. Han, H.C. Shin, K.H. Lee, K. Suh, D.E. Jeong, et al., "Demonstration of highly manufacturable STT-MRAM embedded in 28nm logic," *IEEE International Electron Devices Meeting (IEDM)*, 2018, pp. 18.2.1–18.2.4. doi: 10.1109/IEDM.2018.8614635

[37] T.Y. Lee, K. Yamane, Y. Otani, D. Zeng, J. Kwon, J.H. Lim, V.B. Naik, et al., "Advanced MTJ stack engineering of STT-MRAM to realize high speed applications," *IEEE International Electron Devices Meeting (IEDM)*, 2020, pp. 11.6.1–11.6.4. doi: 10.1109/IEDM13553.2020.9372015

[38] D. Edelstein, M. Rizzolo, D. Sil, A. Dutta, J. DeBrosse, M. Wordeman, A. Arceo, et al., "A 14 nm embedded STT-MRAM CMOS technology," *IEEE International Electron Devices Meeting (IEDM)*, 2020, pp. 11.5.1–11.5.4. doi: 10.1109/IEDM13553.2020.9371922

[39] J.G. Alzate, U. Arslan, P. Bai, J. Brockman, Y.-J. Chen, N. Das, K. Fischer, et al., "2 MB array-level demonstration of STT-MRAM process and performance towards L4 cache applications," *IEEE International Electron Devices Meeting (IEDM)*, 2019, pp. 2.4.1–2.4.4. doi: 10.1109/IEDM19573.2019.8993474

[40] K. Garello, F. Yasin, H. Hody, S. Couet, L. Souriau, S.H. Sharifi, J. Swerts, R. Carpenter, et al., "Manufacturable 300mm platform solution for field-free switching SOT-MRAM," *IEEE Symposium on VLSI Circuits*, 2019, pp. T194–T195. doi: 10.23919/VLSIC.2019.8778100

[41] M. Gupta, M. Perumkunnil, K. Garello, S. Rao, F. Yasin, G.S. Kar, A. Furnemont, "High-density SOT-MRAM technology and design specifications for the embedded domain at 5nm node," *IEEE International Electron Devices Meeting (IEDM)*, 2020, pp. 24.5.1–24.5.4. doi: 10.1109/IEDM13553.2020.9372068

[42] H. Honjo, T.V.A. Nguyen, T. Watanabe, T. Nasuno, C. Zhang, T. Tanigawa, S. Miura, et al., "First demonstration of field-free SOT-MRAM with 0.35 ns write speed and 70 thermal stability under 400 °C thermal tolerance by canted SOT structure and its advanced patterning/SOT channel technology," *IEEE International Electron Devices Meeting (IEDM)*, 2019, pp. 28.5.1–28.5.4. doi: 10.1109/IEDM19573.2019.8993443

[43] A.I. Khan, K. Chatterjee, B. Wang, S. Drapcho, L. You, C. Serrao, S.R. Bakaul, R. Ramesh, S. Salahuddin, "Negative capacitance in a ferroelectric capacitor," *Nature Materials*, vol. 14, no. 2, p. 182, 2015. doi: 10.1038/nmat4148

[44] Z. Wang, J. Hur, N. Tasneem, W. Chern, S. Yu, A.I. Khan, "Extraction of Preisach model parameters for fluorite-structure ferroelectrics and antiferroelectrics," *Scientific Reports*, vol. 11, p. 12474, 2021. doi: 10.1038/s41598-021-91492-w

[45] J. Okuno, T. Kunihiro, K. Konishi, H. Maemura, Y. Shute, F. Sugaya, M. Materano, et al., "SoC compatible 1T1C FeRAM memory array based on ferroelectric $Hf_{0.5}Zr_{0.5}O_2$," *IEEE Symposium on VLSI Technology*, 2020, pp. 1–2, doi: 10.1109/VLSITechnology18217.2020.9265063

[46] A.J. Tan, Y.H. Liao, L.C. Wang, N. Shanker, J.H. Bae, C. Hu, S. Salahuddin, "Ferroelectric HfO_2 memory transistors with high-k interfacial layer and write endurance exceeding 10^{10} cycles," *IEEE Electron Device Letters*, vol. 42, no. 7, pp. 994–997, 2021. doi: 10.1109/LED.2021.3083219.

[47] S. Dutta, H. Ye, W. Chakraborty, Y.-C. Luo, M. San Jose, B. Grisafe, A. Khanna, I. Lightcap, S. Shinde, S. Yu, S. Datta, "Monolithic 3D integration of high endurance multi-bit ferroelectric FET for accelerating compute-in-memory," *IEEE International Electron Devices Meeting (IEDM)*, 2020, pp. 36.4.1–36.4.4. doi: 10.1109/IEDM13553.2020.9371974

[48] K. Ni, J.A. Smith, B. Grisafe, T. Rakshit, B. Obradovic, J.A. Kittl, M. Rodder, S. Datta, "SoC logic compatible multi-bit FeMFET weight cell for neuromorphic applications," *IEEE International Electron Devices Meeting (IEDM)*, 2018, pp. 13.2.1–13.2.4. doi: 10.1109/IEDM.2018.8614496

[49] M. Lederer, T. Kampfe, R. Olivo, D. Lehninger, C. Mart, S. Kirbach, T. Ali, P. Polakowski, L. Roy, K. Seidel, "Local crystallographic phase detection and texture

mapping in ferroelectric Zr doped HfO$_2$ films by transmission-EBSD," *Applied Physics Letters*, vol. 115, p. 222902, 2019. doi: 10.1063/1.5129318

[50] M. Trentzsch, S. Flachowsky, R. Richter, J. Paul, B. Reimer, D. Utess, S. Jansen, H. Mulaosmanovic, S. Muller, et al., "A 28nm HKMG super low power embedded NVM technology based on ferroelectric FETs," *IEEE International Electron Devices Meeting (IEDM)*, 2016, pp. 11.5.1–11.5.4. doi: 10.1109/IEDM.2016.7838397

[51] S. Dunkel, M. Trentzsch, R. Richter, P. Moll, C. Fuchs, O. Gehring, M. Majer, S. Wittek, B. Muller, et al., "A FeFET based super-low-power ultra-fast embedded NVM technology for 22nm FDSOI and beyond," *IEEE International Electron Devices Meeting (IEDM)*, 2017, pp. 19.7.1–19.7.4. doi: 10.1109/IEDM.2017.8268425

[52] A. Sharma, B. Doyle, H.J. Yoo, I.-C. Tung, J. Kavalieros, M.V. Metz, M. Reshotko, et al., "High speed memory operation in channel-last, back-gated ferroelectric transistors," *IEEE International Electron Devices Meeting (IEDM)*, 2020, pp. 18.5.1–18.5.4, doi: 10.1109/IEDM13553.2020.9371940

[53] K. Florent, S. Lavizzari, L. Di Piazza, M. Popovici, E. Vecchio, G. Potoms, G. Groeseneken, J. Van Houdt, "First demonstration of vertically stacked ferroelectric Al doped HfO$_2$ devices for NAND applications," *IEEE Symposium on VLSI Technology*, 2017, pp. T158–T159. doi: 10.23919/VLSIT.2017.7998162

[54] M. Jerry, P.-Y. Chen, J. Zhang, P. Sharma, K. Ni, S. Yu, S. Datta, "Ferroelectric FET analog synapse for acceleration of deep neural network training," *IEEE International Electron Devices Meeting (IEDM)*, 2017, pp. 6.2.1–6.2.4. doi: 10.1109/IEDM.2017.8268338

[55] S. Yu, H. Jiang, S. Huang, X. Peng, A. Lu, "Compute-in-memory chips for deep learning: recent trends and prospects," *IEEE Circuits and Systems Magazine*, vol. 21, no. 3, pp. 31–56, 2021. doi: 10.1109/MCAS.2021.3092533

[56] J. Doevenspeck, K. Garello, B. Verhoef, R. Degraeve, S. Van Beek, D. Crotti, F. Yasin, S. Couet, G. Jayakumar, I.A. Papistas, P. Debacker, R. Lauwereins, W. Dehaene, G.S. Kar, S. Cosemans, A. Mallik, D. Verkest, "SOT-MRAM based analog in-memory computing for DNN inference," *IEEE Symposium on VLSI Technology*, 2020, pp. 1–2. doi: 10.1109/VLSITechnology18217.2020.9265099

[57] P. Yao, H. Wu, B. Gao, J. Tang, Q. Zhang, W. Zhang, J.J. Yang, H. Qian, "Fully hardware-implemented memristor convolutional neural network," *Nature*, vol. 577, no. 7792, pp. 641–646, 2020. doi: 10.1038/s41586-020-1942-4

[58] W. Kim, R.L. Bruce, T. Masuda, G.W. Fraczak, N. Gong, P. Adusumilli, S. Ambrogio, H. Tsai, J. Bruley, J.-P. Han, M. Longstreet, "Confined PCM-based analog synaptic devices offering low resistance-drift and 1000 programmable states for deep learning," *IEEE Symposium on VLSI Technology*, 2019, pp. T66–T67. doi: 10.23919/VLSIT.2019.8776551

[59] X. Peng, S. Huang, Y. Luo, X. Sun, S. Yu, "DNN+NeuroSim: an end-to-end benchmarking framework for compute-in-memory accelerators with versatile device technologies," *IEEE International Electron Devices Meeting (IEDM)*, 2019, pp. 32.5.1–32.5.4. doi: 10.1109/IEDM19573.2019.8993491 Online available at https://github.com/neurosim

[60] M. Zhao, H. Wu, B. Gao, X. Sun, Y. Liu, P. Yao, Y. Xi, X. Li, Q. Zhang, K. Wang, S. Yu, H. Qian, "Characterizing endurance degradation of incremental switching in analog RRAM for neuromorphic systems," *IEEE International Electron Devices Meeting (IEDM)*, 2018, pp. 20.2.1–20.2.4. doi: 10.1109/IEDM.2018.8614664

[61] X. Sun, S. Yu, "Impact of non-ideal characteristics of resistive synaptic devices on implementing convolutional neural networks," *IEEE Journal of Emerging Selected Topics in Circuits Systems*, vol. 9, no. 3, pp. 570–579, 2019. doi: 10.1109/JETCAS.2019.2933148

[62] T. Gokmen, W. Haensch, "Algorithm for training neural networks on resistive device arrays," *Frontiers in Neuroscience*, vol. 14, p. 103, 2020. doi: 10.3389/fnins.2020.00103

[63] S. Huang, X. Sun, X. Peng, H. Jiang, S. Yu, "Overcoming challenges for achieving high in-situ training accuracy with emerging memories," *IEEE/ACM Design, Automation & Test in Europe Conference (DATE)*, pp. 1–4, 2020. doi: 10.23919/DATE48585.2020.9116215

[64] S. Ambrogio, P. Narayanan, H. Tsai, R.M. Shelby, I. Boybat, C. Di Nolfo, S. Sidler, M. Giordano, M. Bodini, N.C.P. Farinha, B. Killeen, C. Cheng, Y. Jaoudi, G.W. Burr, "Equivalent-accuracy accelerated neural network training using analogue memory," *Nature*, vol. 558, pp. 60–67, 2018. doi: 10.1038/s41586-018-0180-5

[65] X. Sun, P. Wang, K. Ni, S. Datta, S. Yu, "Exploiting hybrid precision for training and inference: a 2T-1FeFET based analog synaptic weight cell," *IEEE International Electron Devices Meeting (IEDM)*, 2018, pp. 3.1.1–3.1.4. doi: 10.1109/IEDM.2018.8614611

[66] Q. Dong, M.E. Sinangil, B. Erbagci, D. Sun, W.-S. Khwa, H.-J. Liao, Y. Wang, J. Chang, "A 351 TOPS/W and 372.4 GOPS compute-in-memory SRAM macro in 7nm FinFET CMOS for machine-learning applications," *IEEE International Solid-State Circuits Conference (ISSCC)*, 2020, pp. 242–244. doi: 10.1109/ISSCC19947.2020.9062985

[67] C.-X. Xue, T.-Y. Huang, J.-S. Liu, T.-W. Chang, H.-Y. Kao, J.-H. Wang, T.-W. Liu, S.-Y. Wei, S.-P. Huang, W.-C. Wei, et al., "A 22nm 2Mb ReRAM compute-in-memory macro with 121-28TOPS/W for multibit MAC computing for tiny AI edge devices," *IEEE International Solid-State Circuits Conference (ISSCC)*, 2020, pp. 244–246. doi: 10.1109/ISSCC19947.2020.9063078

[68] N.P. Jouppi, C. Young, N. Patil, D. Patterson, G. Agrawal, R. Bajwa, S. Bates, et al., "In-datacenter performance analysis of a tensor processing unit," *ACM/IEEE International Symposium on Computer Architecture (ISCA)*, 2017, pp. 1–12. doi: 10.1145/3079856.3080246

[69] S. Yu, X. Sun, X. Peng, S. Huang, "Compute-in-memory with emerging nonvolatile-memories: challenges and prospects," *IEEE Custom Integrated Circuits Conference (CICC)*, 2020, pp. 1–4. doi: 10.1109/CICC48029.2020.9075887

[70] Y. Long, X. She, S. Mukhopadhyay, "Design of reliable DNN accelerator with unreliable ReRAM," *IEEE/ACM Design, Automation & Test in Europe Conference (DATE)*, 2019, pp. 1769–1774. doi: 10.23919/DATE.2019.8715178

附录

名词对照表

Access Transistor：选通晶体管

Access：访问（又称访存）

Address：地址

Advanced Packaging：先进封装

Aspect Ratio：（刻蚀的）深宽比

Back-End-of-Line（BEOL）：后段工艺

Block：存储块

Bank：存储区

Bit Line（BL）：位线

Bit：比特（或位）

Bump：凸点（或焊球）

Buried Gate：埋栅

Butterfly Curve：蝶形曲线

Byte：字节

Cache：缓存

Channel Hot Electron（CHE）：沟道热电子

Charge-Trap：电荷俘获

Chip：芯片（指封装后的芯片）

Chiplet：芯粒

Column：列

Common Plate：公共极板

Common Source Line（CSL）：公共源线

Complementary Line：互补线

Conductive Bridge Random Access Memory（CBRAM）：导电桥随机存取存储器

Control Gate：控制栅

Crossbar/Cross-point：交叉阵列

Cycling Endurance：擦写次数（又称循环次数、循环耐久性）

Decoder：译码器

Design Rule：设计规则

DIBL：漏致势垒降低效应

Die：裸芯片（指未封装的芯片）

Double-Data-Rate（DDR）：双倍数据速率

Drain：漏极

Driver：驱动器

Dual In-Line Memory Module（DIMM）：双列直插式内存模块

Dummy：虚设

Dynamic Noise Margin：动态噪声容限

Dynamic Power：动态功耗

Dynamic Random Access Memory (DRAM)：动态随机存取存储器

Electrically Erasable and Programmable ROM（EEPROM）：带电可擦可编程 ROM

Embedded Memory：嵌入式存储器

Emerging Memory：新型存储器

Emerging Non-Volatile Memory（eNVM）：新型非易失性存储器

Equivalent Oxide Thickness（EOT）：等效氧化层厚度

Erasable PROM（EPROM）：可擦除 PROM

Error Correction Code (ECC)：纠错码

Feature Size：特征尺寸

Ferroelectric Field-Effect Transistor（FeFET）：铁电场效应晶体管

Ferroelectric Random Access Memory（FeRAM）：铁电随机存取存储器

Flash：闪存（又称快闪存储器）

Floating-Gate：浮栅

Folded Bit Line：折叠式位线

Footprint：占用面积

Front-End-of-Line（FEOL）：前段工艺

Gate：栅极

Gate-All-Around：围栅

GIDL：栅致漏极漏电流效应

Ground：地

Grounded：接地

Ground Select Line（GSL）:（NAND）地选通线

Half-Pitch：半节距

Heterogeneous Integration：异质异构集成（有时也简称异质集成或异构集成）

High Resistance State（HRS）：高电阻状态

High-Bandwidth Memory（HBM）：高带宽存储器

Hold：保持

Hybrid Bonding：混合键合

Incremental Step Pulse Programming (ISPP)：增量步进脉冲编程

Input：输入

Inverter：反相器

Last Level Cache：末级缓存

Layout：版图

Leakage Current：漏电流

Logic Transistor：逻辑晶体管

Low Resistance State（LRS）：低电阻状态

Magnetic Hard-Disk Drive：机械硬盘

Magnetic Random Access Memory（MRAM）：磁性随机存取存储器

Magnetic Tunnel Junction（MTJ）：磁隧道结

Main Memory：内存（又称主存、主存储器）

Mat：子阵列

Memory and Storage：内存和外存

Memory Array：存储阵列

Memory Bandwidth：存储带宽

Memory Cell：存储单元

Memory Density：存储容量

Memory Hierarchy：存储器层次结构

Memory Sub-System：存储器子系统

Multi-Level-Cell (MLC)：多比特单元

Multiplexer（MUX）：多路复用器

NAND Flash：与非型闪存（又称 NAND 闪存）

Non-Volatile Memory（NVM）：非易失性存储器（又称非挥发性存储器）

Nonlinearity：非线性

NOR Flash：或非型闪存（又称 NOR 闪存）

Off-State：关态

On-State：开态

Open Bit Line：开放式位线

OTP：一次性可编程存储器

Output：输出

Pad：焊盘

Page：存储页

Pass-Gate：选通

Periphery Circuits：外围电路

Persistent Memory：持久内存

Phase-Change Memory（PCM）：相变存储器

Pin：引脚

Pitch：节距

Plane：存储平面

Pre-Charge：预充电

Programmable ROM（PROM）：可编程只读存储器

Program Disturb：编程干扰

Pull-Down：下拉

Pull-Up：上拉

Quadruple-Level-Cell (QLC)：四比特单元

Random Access Memory：随机存取存储器

Read Access：读访问

Read-Only Memory（ROM）：只读存储器

Readout：读出（或读取）

Read Disturb：读取干扰

Recess Channel：凹槽沟道

Refresh：刷新

Reliability：可靠性

Reset：从开态到关态的转变过程

Resistive Random Access Memory（RRAM）：阻变随机存取存储器

Retention：保持特性

ROM：只读存储器

Route：布线

Row Hammer Effect：行锤效应

Row：行

Scaling：微缩

Sector：扇区

Sense Amplifier（SA）：灵敏放大器

Set：从关态到开态的转变过程

Short-Channel Effect：短沟效应

Silicon Interposer：硅转接板

Single-Level-Cell (SLC)：单比特单元

Solid-State Drive（SSD）：固态硬盘

Source Line（SL）：源线

Source：源极

Spin-Orbit-Torque MRAM（SOT-MRAM）：自旋轨道力矩型磁存储器

Spin-Transfer-Torque MRAM（STT-MRAM）：自旋转移力矩型磁存储器

Stacked：堆叠

Standalone Memory：独立式存储器

Standby Power：静态功耗

Static Noise Margin（SNM）：静态噪声容限

Static Random Access Memory (SRAM)：静态随机存取存储器

Storage Class Memory：存储级内存（非易失内存）

Storage Memory：外存

Storage Node：存储节点

String：（NAND）存储串

String Select Line（SSL）:（NAND）串选通线

Sub-Array：子阵列

Sub-Threshold：亚阈值

System-in-Package：系统级封装

Tail-bit：尾比特

Technology Node：工艺节点

Three-Dimensional (3D) X-point Memory ： 三维交叉阵列存储器（又称 3D X-point 存储器）

Threshold Voltage ： 阈值电压

Through-Silicon-Via（TSV）：硅通孔

Trench ： 凹槽

Triple-Level-Cell (TLC) ： 三比特单元

True Signal Line ： 真实信号线（真线）

Variability ： 涨落

Via ： 通孔

Volatile Memory ： 易失性存储器（又称挥发性存储器）

Wafer ： 晶圆（又称硅片）

Word Line（WL）：字线

Working Memory ： 工作存储器

Write Access ： 写访问